RÉSUMÉ DES RÉPONSES

AU

QUESTIONNAIRE D'HIPPOLOGIE

DE

L'ÉCOLE D'APPLICATION DE CAVALERIE

> « Ce résumé n'a point pour but de suppléer à l'étude des livres d'hippologie ; il doit servir à diriger les recherches, et plus tard, à rafraîchir la mémoire en vue d'un examen. »

SAUMUR

LIBRAIRIE MILITAIRE S. MILON FILS

46, RUE D'ORLÉANS, 46

SEUL FOURNISSEUR-ADJUDICATAIRE DE L'ÉCOLE DE CAVALERIE

1888

RÉSUMÉ DES RÉPONSES

QUESTIONNAIRE D'HIPPOLOGIE

L'ÉCOLE D'APPLICATION DE CAVALERIE

PREMIÈRE PARTIE

ORGANISATION ET FONCTIONS

Première Question.

But de l'hippologie.

HIPPOLOGIE (ιππος, λογος) : Partie des sciences naturelles qui traite du cheval.

SON BUT : Étudier le cheval au point de vue de : l'Organisation (anatomie, physiologie); l'Extérieur; l'Hygiène; la Ferrure; les Haras; les Remontes; les Maladies; les vices rédhibitoires.

Caractères zoologiques du cheval.

Genre : *Cheval;* ordre : Pachydermes (παχυς, épais; δερμα, peau).
Famille : Solipèdes (*solus pes*) ou monodactyles (μονος δαχτυλος).

Le genre cheval comprend : Cheval, Ane — donnent Mulet (Ane et Jument) et Bardot (Cheval et Anesse). Zèbre; Couagga; Daw; Hémione.

Description sommaire des principaux tissus. — Tissus : Parties solides du corps

On distingue :

Tissus ....

Cellulaire : mou, blanchâtre, spongieux; sérosité.
Adipeux : vésicules contenant la graisse; tissu médullaire.
Fibreux : blanc, pas extensible; tendons.
Fibreux élastique : blanc, jaunâtre. Ex. : ligament cervical.
Cartilages : blanc, nacré.
Fibro-cartilages : moins durs que les cartilages.
Membranes séreuses : servent d'enveloppes; bourses synoviales.
Membranes muqueuses : composées de derme et épithélium; mucus.
Peau : derme, épiderme, pigment (matière colorante).
Poils : follicule, bulbe, racine, tige.
Corne : *voir* Pied.
Vasculaire : vaisseaux.
Osseux : *voir* Os.
Musculaire : *voir* Muscles.
Glandes : organes secrétant des liquides. Ex. : salivaires.
Nerveux : nerfs.

Deuxième Question.

—

Fonctions de la locomotion... ...
- FONCTION : action des organes.
- LOCOMOTION : fonction qui donne la faculté de se mouvoir.
- APPAREILS : os unis par articulations et muscles.

Des os... ... ...

Composition :
- Un os est un corps dur, blanc, terne. On compte 189 os chez le cheval.
- Tissu osseux : corps dur comprenant une substance organique et une inorganique.
- Périoste : membrane fibreuse recouvrant l'os à l'intérieur des os ; membranes médullaires.
- Graisse : moelle et suc huileux.
- Vaisseaux.
- Nerfs.

Division :
- Pairs ou impairs.
- Longs, allongés, larges, courts.

Éminences. — Saillies à la surface :
- articulaires.
- non articulaires.

Apophyses. — Continues à la surface (απο).

Epiphyses. — Séparées de l'os par un cartilage (επι) : les extrémités des os longs sont séparés du corps de l'os par un cartilage pendant toute la durée de la croissance.

Cavités. — Trous dans les os :
- articulaires.
- non articulaires.

Fracture des os. — Rupture du tissu osseux (très grave chez le cheval).

Exostose. — Grosseur sur les os ; tares dures.

Nécrose. — Carie des os.

Troisième Question.

—

Articulations.

Assemblage de pièces osseuses.

MOBILES :
- Enarthrose (εν αρθρωσις, dans articulation), articulation par genou ou orbitaire.
- Charnière parfaite.
- Charnière imparfaite.
- Articulation pivotante.
- Articulation planiforme.

IMMOBILES : Ex. : os de la tête.

MIXTES : Ex. : vertèbres.

Arthrite. — Inflammation des divers tissus qui concourent à la formation d'une articulation (extrémités osseuses, synoviales, ligaments).

ARTHRITE :
- simple.
- traumatique.
- rhumatismale.

Il y a encore arthrite des jeunes chevaux.

Traitement : vésicatoire, irrigation continue, purgatifs.

Quatrième Question.

Squelette. — Assemblage des os.

Division......... { **Tronc, membres.** Le tronc comprend *tête, rachis, thorax*.
La tête comprend le *crâne* et la *face*.

Os du crâne :
- Occipital (occiput) : protubérance occipitale, tubérosité cervicale, trou occipital, apophyse basilaire.
- Pariétal : crêtes pariétales.
- Frontal : apophyse orbitaire ; arcade sourcillière.
- Ethmoïde (forme de crible) : partie inférieure du crâne au-dessus des fosses nasales.
- Sphénoïde : partie postérieure du crâne.
- 2 Temporaux : { partie écailleuse forme la tempe.
  partie pétrée contient les organes de l'ouïe.

Os hyoïde : Suspendu à la base du crâne, soutient la langue, comprend corps et branches { grandes. petites.

Os de la face :

Machoire supérieure :
- 2 grands sus-maxillaires { épine sus-maxillaire. alvéoles des dents molaires.
- 2 petits sus-maxillaires, alvéoles des incisives.
- 2 sus-naseaux.
- 2 lacrymaux.
- 2 zygomatiques.
- 2 palatins (voûte du palais).
- 2 ptérygoïdiens (les plus petits des os de la face).
- 4 cornets (membrane pituitaire et méats.)
- 1 vomer : os allongé du sphénoïde au petit sus-maxillaire.

Machoire inférieure :
Corps : symphise maxillaire.
Branches :
- Apophyse coronoïde.
- Échancrure corono-condylienne.
- Alvéoles des molaires.
- Bord refoulé (ganaches).

Cinquième Question.

Rachis. — Colonne vertébrale (de la tête au coccyx).

Sa division :
- Région cervicale : 7 vertèbres ; atlas, axis, proéminente, apophyses trachéliennes (articulation-atloïdo-axoïdienne).
- Région dorsale : 18 vertèbres ; corps court, tête saillante, apophyses épineuses très développées.
- Région lombaire : 6 vertèbres ; apophyses transverses larges.
- Région sacrée : 5 vertèbres ; sacrum, épine sus-sacrée.
- Région coccygienne : 12 à 20 vertèbres, allant s'amincissant.

Os qui le composent : Vertèbres : { Os courts ; canal intérieur, éminences. Le corps ; la partie spinale.

Sixième Question.

—

Du thorax	Poitrine, cavité renfermant les organes de la circulation et de la respiration. Formé par les vertèbres, le sternum et les côtes.

Os :

- Sternum :
  - Os impair, en avant ; 8 cavités des côtes sternales.
  - En avant, apophyse trachélienne.
  - En arrière, appendice xiphoïde.
- Côtes :
  - 36 os allongés, courbes ; espaces intercostaux.
  - 16 côtes sternales, 20 asternales.
  - Tête, facettes, col des côtes.
  - Cercle cartilagineux des côtes asternales.

Vertèbres : *Voir* plus haut.

Septième Question.

—

Des membres. — Colonnes supportant le tronc et servant à le mouvoir.

Division. — Antérieurs, postérieurs.

Os qui forment les membres antérieurs. — Scapulum (épaule), humérus (bras), radius avant-bras, cubitus (coude), os du carpe, du métacarpe, région digitée.

SCAPULUM :
- Aplati, mince, triangulaire, oblique.
- Acromion séparant 2 fosses, sus-acromienne et sous-acromienne.
- Fibro-cartilage de prolongement.
- Cavité glénoïde (tête de l'humérus).
- Apophyse coracoïde (attache du muscle fléchisseur).

HUMÉRUS :
- Os oblique.
- Tête, trochiter, trochin, trochlée, condyle, épicondyle, épitrochlée, fosse olécranienne.

RADIUS ET CU-
BITUS :
- Forment l'avant-bras.
- Olécrane (apophyse, coude).

OS DU CARPE :
- 7 os carpiens : 4 en haut, 3 en bas.
- Le premier, en haut, s'appelle os sus-carpien, os crochu.

MÉTACARPE :
- Canon : os long cylindroïde.
- Péronés : 2 os allongés en arrière des canons se terminant par un bouton.
  (Les ignorants prennent ce bouton pour un suros.)

RÉGION DIGITÉE :
- Phalanges :
  - Os du paturon.
  - Os de la couronne.
  - Os du pied.
- Sésamoïdes :
  - 2 grands : partie supérieure et postérieure du paturon.
  - 1 petit : os naviculaire.

Les os du carpe, du métacarpe et de la région digitée forment le pied du cheval.

L'épaule du cheval correspond		à l'épaule de l'homme.
L'humérus	— —	au bras de l'homme.
Le radius	— —	à l'avant-bras de l'homme.
Le cubitus	— —	au coude de l'homme.
L'os du carpe	— —	au poignet de l'homme.
Le métacarpe	— —	aux os métacarpiens de l'homme.
Les phalanges	— —	aux phalanges de l'homme.

Huitième Question.

—

Membres postérieurs. — Coxal (croupe), fémur (cuisse), os de la jambe, tarse, métatarse, région digitée.

COXAL :
{ Os pair entre le sacrum et le fémur; cavité cotyloïde.
{ Comprend : { Ilium : en avant.
{ { Ischium : en arrière.
{ { Pubis : au-dessous.

FÉMUR (os de la cuisse) :
{ Os long, oblique; tête s'articulant avec le coxal; trochanter et fosse sous-trochantérienne; deux condyles s'articulant avec le tibia.

OS DE LA JAMBE :
{ Tibia : os long et prismatique; crête tibiale.
{ Péroné : petit os sur le côté externe du tibia.
{ Rotule : os court qui tient au tibia par 3 ligaments, et au fémur par 2.

TARSE : 6 ou 7 os; astragale et calcanéum (talon).

MÉTATARSE : comme le métacarpe.

RÉGION DIGITÉE : comme aux membres antérieurs.

Le fémur du cheval correspond au fémur de l'homme.
Le tibia   —   au tibia de l'homme.
La rotule   —   à la rotule de l'homme.
Le tarse   —   —   à la cheville de l'homme.
      Etc.

—

Neuvième Question.

—

Des muscles. — Organes mous, rougeâtres, très contractiles; majeure partie de la masse du corps.

Division ... .
{ Extérieurs et intérieurs.
{ 463 extérieurs : larges, longs ou courts; pairs ou impairs; droits, obliques, etc.; fléchisseurs, extenseurs, etc.

Les muscles sont formés de tissus musculaire et cellulaire, vaisseaux et nerfs, petites fibres.

Contractions musculaires. — Phénomène dans lequel les muscles se raccourcissent; les fibres gagnent en grosseur ce qu'elles perdent en longueur.

Causes des contractions. — EXCITATION, ACTION NERVEUSE ET SANG ARTÉRIEL.

Influence de la longueur. — L'étendue de la contraction est le tiers de la longueur des fibres.

Influence du nombre des fibres. — La force de la contraction est proportionnelle au nombre des fibres.

Mode d'insertion des muscles et ligaments......
{ Attaches : points fixés aux os.
{ Origine : point fixe.
{ Insertion : point mobile.

Les muscles sont annexés presque toujours à des tendons ou ligaments inextensibles, ce qui permet à leur action de s'exercer loin de l'origine, sans augmenter de beaucoup le volume de la partie à mouvoir.

Effet des muscles sur les os, d'après leur angle d'insertion. — Théorie des leviers (3 genres) . . . .
- 1ᵉʳ genre : point fixe au milieu. Ex.: jarret.
- 2ᵉ genre : point fixe à une extrémité. Ex.: avant-bras (extension).
- 3ᵉ genre : puissance au milieu. Ex. : jarret en l'air.

Paralysie. — Abolition ou diminution de la contractibilité musculaire. Elle est complète ou incomplète..
- *Paraphlégie :* paralysie des membres abdominaux.
- *Hémiphlégie :* paralysie d'une moitié du corps.

Tétanos. — Contraction permanente du système musculaire, déterminant l'asphyxie ; survient souvent à la suite de petites blessures. (Est regardé comme d'un caractère un peu infectieux.) Traitement : écurie obscure, barbotage, lait pour soutenir les forces. (Entraîne presque toujours la mort.)

Dixième Question.

Innervation. — Fonction qui traite du mode d'action du système nerveux.

Appareil. — Système nerveux :
- Cérébro-spinal.
- Ganglionnaire.

Système cérébro-spinal. — Fonctions de la vie animale : 2 parties.. . . . .
- Centrale : encéphale et moelle épinière.
- Périphérique : nerfs.

Encéphale (εν χηφαλη) : cerveau, cervelet, mésocéphale.

Encéphale :

Cerveau : Masse ovalaire, présentant deux lobes ovoïdes ; séries d'éminences appelées circonvolutions, séparées par des anfractuosités. Intérieurement, 3 ventricules.
2 substances :
- Centrale : blanche.
- Extérieure : grise.

La matière du cerveau est insensible et cependant c'est lui le siège de la vie, produisant les contractions musculaires ; siège aussi d'intelligence et de volonté.

Mésocéphale : Au-dessous du cerveau et du cervelet, petit ; se continue en arrière avec la moelle épinière.
On y remarque :
- Protubérance annulaire.
- Tubercules quadrijumeaux.
- Canal angulaire : entre le troisième ventricule du cerveau et celui du cervelet.

Fonctions du mésocéphale inconnues.

Cervelet : Masse sphéroïdale ; 3 lobes, 1 ventricule. La substance grise extérieure présente l'arbre de vie. On croit le cervelet le siège des mouvements.

Moelle épinière :

Crânienne : bulbe crânien de cinq centimètres de longueur.

Rachidienne : Du tronc occipital au sacrum.
2 moitiés séparées par 2 sillons :
- 1 supérieur.
- 1 inférieur.

2 substances :
- grise, au centre.
- blanche, à la périphérie.

Double rôle : très sensible ; porte les sensations des nerfs au cerveau et communique aux nerfs les incitations du mouvement.
Le nœud vital est au bulbe rachidien.

La moelle et l'encéphale sont entourées de méninges : { Dure-mère, Arachnoïde. Pie-mère.

NERFS : { Série de tubes contenant matière pulpeuse et entourés de la gaine névrilène. 12 paires de nerfs encéphaliques (1 seule racine). 42 paires de nerfs rachidiens (2 racines sortant par les trous inter-vertébraux).

On distingue paires : cervicales, dorsales, lombaires, sacrées, coccygiennes.

DIVISION : { Sensitifs : (sensibilité générale, sensibilité spéciale). Moteurs : mouvements. Mixtes : à la fois sensitifs et moteurs (ont deux sortes de filets).

Système nerveux ganglionnaire ou du grand sympathique (fonctions de la vie organique). — Deux longs cordons nerveux, offrant chaine de ganglions, vont de la tête à la queue au-dessous et à droite et à gauche de la colonne vertébrale. — Système très abondant dans la cavité abdominale où l'on remarque le *plexus solaire* (renflement). Ce système préside à la digestion, à l'absorption, etc.

Épilepsie. — Maladie nerveuse caractérisée par accès convulsifs intermittents. Était vice rédhibitoire (mai 1838), avec délai de 30 jours ; ne l'est plus. Maladie incurable.

Vertige ou **vertigo**. — Inflammation des méninges. Le cheval a l'air stupide avec intervalles furieux, essayant de renverser ce qui est devant lui ou tournant en cercle.
Traitement : saignée, purgatifs, eau sur le crâne.

Immobilité. — Vice rédhibitoire. Mouvements raides, automatiques. Le cheval ne tourne ni ne recule. Il *fume la pipe* en mangeant (garder le foin entre les incisives).
Moyen de reconnaître : Reculer, placer les jambes antérieures croisées. Le cheval immobile les laisse dans cette position. Maladie incurable.

Tics.......... ..... { avec usure de dents ; sans — en l'air. } vices rédhibitoires. de l'ours : balancement à l'écurie. Moins grave. N'a rien de commun avec les autres.

Onzième Question.

—

Toucher. — Faculté de percevoir les impressions sur la peau. — Le toucher est un des cinq sens : toucher, goût, odorat, ouïe, vue.
Siège : La peau et spécialement nez (poils) et pied.
Utilité : Remplace les doigts de l'homme pour juger les objets.

Goût.. . . . . { Perception des saveurs. Siège : bouche (partie supérieure de la langue et voûte palatine), nerf lingual. Utilité : permet au cheval de juger les aliments.

Odorat.. .... { Connaissance des odeurs. **Siège** : fosses nasales, membrane pituitaire, nerf olfactif. **Rapport avec le goût** : avertit le cheval de l'aliment qu'il va manger ; le lui fait accepter ou refuser.

Douzième Question.

—

L'ouïe. — Sens qui donne la perception des sons.

Appareil auditif : à la partie supérieure et latérale de la tête.

OREILLE EXTERNE : Conque ou pavillon, formée de 3 cartilages : le conchinien, le scutiforme et l'annulaire qui se réunissent en cornet. Peau, poils. Conduit auditif : de la conque au tympan. A une partie cartilagineuse et une osseuse dans la portion pétrée du temporal. La peau y abrite le cérumen.

OREILLE MOYENNE ou tympan : Membrane du tympan : cloison mince à l'extrémité du conduit auditif (45° environ). Caisse : Cavité irrégulière qui communique avec l'oreille interne par la *fenêtre ronde* et la *fenêtre ovale* et avec l'arrière-bouche par la *trompe d'Eustache*. Traversée par la chaîne des osselets : *marteau, enclume lenticulaire, étrier*.

OREILLE INTERNE ou labyrinthe : Suite de l'oreille moyenne. 3 cavités : limaçon, vestibules et canaux semi-circulaires (au nombre de 3). Est tapissée d'une muqueuse secrétant la *lymphe de Cotugno*.

Le nerf auditif vient s'épanouir dans l'oreille interne.

Phénomène de l'audition. — Rassemblées par la conque, les ondes traversent le conduit auditif, font vibrer la membrane du tympan, puis les osselets qui les transmettent à la lymphe de Cotugno d'où elles impressionnent le nerf auditif. La trompe d'Eustache sert à maintenir égale la pression de l'air.

Utilité : prévient le cheval, complète la vue.

Surdité : quand le cheval ne perçoit plus les sons. Les oreilles ne se fixent plus.

Treizième Question.

—

Vue. — Perception des objets extérieurs.

Appareil. — Œil comprenant parties accessoires, parties essentielles.

PARTIES ACCESSOIRES : Paupières : voiles membraneux et mobiles en avant de l'œil ; deux angles, petit ou temporal, grand ou nasal ; tapissées par la conjonctive : 3 muscles moteurs ; 2 fibro-cartilages ; Glandes de Méïbomius (secrètent le liquide de la chassie). Du tissu cellulaire.
Corps clignotant : troisième paupière à l'angle interne ; très mobile, chasse les corps étrangers.
Appareil lacrymal : glande lacrymale, canaux, caroncule lacrymale, points, conduits, réservoir, canal lacrymal.
7 Muscles : droit externe, droit interne, droit inférieur, droit supérieur, droit postérieur, grand oblique, petit oblique.
Coussinet oculaire : pelote de graisse au fond de l'orbite.
Gaîne oculaire : cornet fibreux qui maintient les muscles et le globe en place.

Le globe de l'œil est sphéroïde ; il occupe la cavité de l'orbite et correspond au cerveau par le nerf optique. Il comprend membranes et milieux.

PARTIES ESSEN-TIELLES :

Membranes :

Sclérotique ou cornée opaque : enveloppe superficielle, 4/5 de l'œil en surface.

Cornée transparente : 1/5 de la surface, unie à la sclérotique.

Iris : entre la cornée et le cristallin. La face extérieure est colorée : face postérieure noire enduite de l'*uvée*, percée d'une circonférence (pupille) ; on y remarque les grains de suie. L'iris est le régulateur de la quantité de lumière, peut augmenter ou diminuer la pupille.

Choroïde : entre la cornée opaque et la rétine ; intérieur noir couvert de *pigment*, blanc au fond, *tapetum* ; avec l'iris forme chambre noire.

Cercle ciliaire : autour du point de jonction de la sclérotique et de la cornée.

Procès ciliaires : prolongements noirs de la choroïde.

Rétine : organe essentiel ; épanouissement du nerf optique.

Milieux :

Humeur aqueuse : en avant, entre la cornée transparente et le cristallin.

Cristallin : corps transparent, lentille, membrane cristalline.

Corps vitré : 2/3 postérieurs de l'œil ; humeur vitrée contenue dans membrane hyaloïde.

Nerf optique : du cerveau à l'œil ; les deux nerfs se croisent.

Mécanisme de la vision. — Les rayons visuels traversent la cornée, l'humeur aqueuse, le cristallin, le corps vitré, arrivent renversés sur la rétine. Théorie des lentilles.

Utilité. — Permet au cheval de se diriger.

Myopie. — Fait voir seulement de près ; cristallin trop convexe ou trop dense.

Presbytie. — Fait voir de loin : cristallin peu convexe, comme chez l'homme.

Cécité. — État du cheval aveugle : il marche en hésitant, très flottant, mais il marche ; on en a vu courir (*Ontario*).

Amaurose ou goutte sereine. — Paralysie du nerf optique : animal aveugle ; si paralysie incomplète, vue affaiblie. — Incurable.

Taie ou albugo : tache sur l'œil, nuage. Petite taie, leucoma, tache blanche de la cornée. — Ces maladies sont plus ou moins graves suivant l'étendue de la tache.
Lotions d'eau blanche, de sulfate de zinc.

Cataracte. — Opacité du cristallin. — Incurable.

Conjonctivite. — Inflammation de la muqueuse qui tapisse les paupières. — D'ordinaire peu grave.
Lotions d'eau blanche.

Fluxion périodique. — Vice rédhibitoire. — Commence par rougeur des paupières, puis larmes, cheval triste, dépôt couleur feuille morte, l'œil redevient à peu près clair.
Accès espacés de façon irrégulière. Le cheval finit par perdre l'œil : souvent l'autre est atteint. — Incurable, mais se guérit en changeant de climat (pays chauds). Garantie : trente jours de délai.

Ophtalmie. — Inflammation de la partie de la conjonctive qui tapisse le globe oculaire.

Onglet. — Inflammation du corps clignotant. — D'ordinaire peu grave.

Quatorzième Question.

Digestion. — Fonction qui rend les aliments propres à être absorbés.

Appareil. — Tube digestif : { Organes essentiels. / Organes accessoires.

Organes essentiels.

BOUCHE : 2 ouvertures ; tapissée par une muqueuse (membrane buccale). Comprend : lèvres (commissure des lèvres), joues, gencives. palais, langue (frein de la langue et barbillons), voile du palais, dents.

PHARYNX ou arrière-bouche : commun aux aliments et à l'air; entre la bouche et l'œsophage, et entre les cavités nasales et le larynx.

OESOPHAGE : conduit du pharynx à l'estomac; à gauche dans le cou; au milieu dans la poitrine; forme une courbure dans l'abdomen avant de s'ouvrir dans l'estomac. Il est formé de deux membranes, une musculaire externe, une muqueuse interne.

CAVITÉ ABDOMINALE : comprend les viscères; formée par la tunique abdominale, vertèbres lombaires, muscles et peau. Intérieurement : *péritoine* membrane séreuse, *mesentère*, *épiploon* (repli dans l'abdomen).

ESTOMAC : Réservoir contractile, musculo-membraneux ; 2 sacs, deux faces, deux ouvertures (pylorique avec l'intestin grêle, œsophagienne avec l'œsophage, cette dernière garnie d'un sphincter). 3 membranes : à l'extérieur, le péritoine ; au milieu, membrane fibreuse ; à l'intérieur, muqueuse garnie, dans le sac droit, d'un épithélium épais, comme l'œsophage, dans le sac gauche, d'un épithélium mince comme l'intestin grêle.

INTESTIN : long canal musculo-membraneux ; de l'estomac à l'anus ; long de vingt-huit à trente mètres.

Intestin grêle : { Vingt-deux mètres de l'estomac au cœcum. / Duodénum de quarante à cinquante centimètres (canaux pancréatique et cholédoque). / Jejunum (vingt mètres environ). / Iléon (quarante centimètres environ), valvule iléo-cœcale.

Gros intestin : { Sept à huit mètres; s'étend de l'intestin grêle à l'anus. Comprend le cœcum, le colon (gros et petit) et le rectum.

ANUS : Ouverture postérieure du tube digestif, fermée par un sphincter.

Organes accessoires de l'appareil digestif. . . . .

GLANDES SALIVAIRES : secrètent la salive, au nombre de six : { 2 parotides, situées au-dessous de l'oreille ; canal parotidien qui vient s'ouvrir au niveau de la troisième dent molaire supérieure. / 2 maxillaires, dans l'espace inter-maxillaire, au-dessous de la parotide, canal excréteur qui s'ouvre près du frein de la langue, barbillon. / 2 sous-linguales, en arrière du frein de la langue.

Organes accessoires de l'appareil digestif..........
Foie : en arrière du diaphragme ; 2 lobes, matière brun foncé, fragile, cassant, très vasculaire, granulations. Le foie secrète la bile portée dans l'intestin grêle par le canal cholédoque.
Pancréas : glande à la partie antérieure de la région sous-lombaire ; secrète le liquide pancréatique.
Rate : organe mou, spongieux, vasculaire, à gauche de l'estomac le long de la grande courbure. Fonctions inconnues.

Mécanisme de la digestion..........
Préhension des aliments avec les lèvres, dents, langue.
Mastication dans la bouche avec les dents.
Insalivation : salive formée d'eau, de sels, de la diastase salivaire. La salive transforme la fécule en dextrine et glucose.
Déglutition : passage des *bols alimentaires* de la bouche dans l'estomac.
Digestion dans l'estomac : suc gastrique ; liquide, incolore, légèrement salé, acide ; n'a d'action que sur les principes azotés, glycose et quelques sels.
Chyme : pâte formée sous l'influence du suc gastrique.
Vomissement : le cheval ne peut vomir à cause du sphincter placé à l'entrée de l'œsophage, dans l'estomac. Cela explique la gravité des indigestions.
Digestion dans l'intestin grêle : action du suc pancréatique sur les corps gras, du suc intestinal qui convertit la fécule en glycose et les aliments azotés en albuminose ; absorption dans l'intestin grêle.
Digestion, dans le gros intestin : continuation de la digestion.
Défécation : expulsion des matières fécales.

Digestion des boissons. — Préhension en buvant. Les liquides suivent la même voie que les aliments, s'arrêtent peu dans l'estomac et dans l'intestin grêle ; arrivent dans le cœcum. Absorption tout le long du trajet.

Lampas. — Inflammation de la *muqueuse du palais*. — Peu grave.
Saignée locale et barbotages.

Aphte. — Vésicule se tenant d'ordinaire sur la muqueuse buccale.

Gastrite. — Inflammation de la muqueuse de l'estomac.

Indigestion. — Trouble de la digestion.
Promener le cheval, le frotter sous le ventre avec de la paille ; donner du thé, du tilleul ; le couvrir. — Peut être très grave.

Coliques. — Douleurs des organes abdominaux. Les *coliques rouges* sont les plus graves ; produites par l'inflammation de l'intestin. Le cheval se roule, gratte, sue. Très graves, entraînent la mort.

Péritonite. — Inflammation du péritoine. D'ordinaire, suite d'un coup.
Application de pommade mercurielle sur l'abdomen et calomel à l'extérieur. Saignées.

Quinzième Question.

—

DE L'ABSORPTION

Définition. — Fonction par laquelle les substances pénètrent dans la circulation.

Chyme. — Pâte alimentaire résultant des transformations des aliments dans l'estomac et l'intestin.

forme le chyle, qui ne commence que dans les vaisseaux chylifères. Le chyle est un liquide pultacé, sucré; comprend un solide (caillot) et un liquide (serum). Il se forme onze kilogrammes de chyle en douze heures.

Vaisseaux chylifères. — Vaisseaux qui transportent le chyle dans la circulation, en le conduisant au canal thoracique, où il se mêle avec la lymphe.

Lymphe. — Partie du plasma du sang, exhalé des vaisseaux, qui, n'ayant pas servi à la nutrition, est absorbée par les lymphatiques et retourne dans la circulation. Liquide, transparente, salée (caillot et serum).

Vaisseaux lymphatiques. — Vaisseaux puisant dans tous les points de l'économie les matériaux de la lymphe, et les transportant dans la circulation.

Différentes parties du corps où se fait l'absorption. — Intestin grêle, cœcum et autres parties du gros intestin (l'estomac absorbe très peu); peau, membranes séreuses, tissus.

Mécanisme. — Agents : veines, chylifères, lymphatiques. Les matières absorbées passent dans l'économie, non par des orifices, mais par *imbibition* et *osmose* (endosmose, exosmose).

Morve. — Vice rédhibitoire. Maladie virulente, contagieuse, transmissible à l'homme. L'animal jette par les naseaux. Ganglions de l'auge durs, gonflés, collés à la peau; pituitaire pâle présentant des chancres. La morve est aiguë ou chronique.
Tout cheval atteint de morve doit être abattu. (Loi du 21 juillet 1881 sur la police sanitaire des animaux.)

Farcin. — Maladie du système lymphatique. Tumeurs dans la peau, forme de boutons; ou plus grosses, dures, non adhérentes à la peau, isolées ou en chapelet. Elles percent et donnent un liquide huileux. Aigu ou chronique. Soumis à la même loi que la morve. Le farcin est la forme cutanée de la morve.

Seizième Question.

DE LA CIRCULATION

Définition. — Fonction par laquelle le sang est transporté du cœur dans toutes les parties du corps et est ramené à son point de départ.

Appareil. — Appareil circulatoire comprenant *cœur et vaisseaux*. Ces derniers comprennent : *artères, veines, capillaires*. De plus, tissu érectile.

Cœur : organe central situé dans la région moyenne de la cavité thoracique; forme de cône. Séparé en deux par un sillon horizontal ; en haut les oreillettes; en bas les ventricules. Séparé en deux aussi par des sillons verticaux : à droite, oreillette et ventricule droits; à gauche, oreillette et ventricule gauches. 4 cavités intérieures : oreillettes et ventricules. L'oreillette et le ventricule du même côté communiquent par l'orifice auriculo-ventriculaire, garni d'une valvule qui s'appelle *mitrale* à gauche et *tricuspide* à droite. Les valvules se soulèvent de bas en haut et sont limitées dans leur mouvement par des cordes fibreuses. A l'origine des artères, valvules sigmoïdes.

— 13 —

PÉRICARDE : sac fibro-séreux qui enveloppe le cœur : composé de 2 feuillets, l'un extérieur, fibreux ; l'autre intérieur, séreux.

ARTÈRES :
/ Vaisseaux qui portent le sang dans tout le corps.
2 systèmes : { Aortique, dans tout le corps : sang rouge. / Pulmonaire, aux poumons : sang noir.
Formées de 3 membranes : { Externe : cellulaire. / Moyenne : fibro-élastique. / Interne : séreuse.

Les artères naissent de 2 troncs : { Aorte. / Artère pulmonaire.

AORTE : naît du ventricule gauche et après cinq centimètres se bifurque.

Aorte antérieure : se divise en 2 branches : { Tronc brachial droit. / Tronc brachial gauche.

Aorte postérieure. — Beaucoup plus grosse et plus longue. Elle détache les artères gastrique, splénique, hépatique, rénales, mésentériques, iliaques.

Artère pulmonaire. — Du ventricule droit aux poumons.

VEINES :
/ 3 membranes : celluleuse, fibreuse, séreuse.
Veines pulmonaires : des capillaires du poumon à l'oreillette gauche du cœur.
Veines caves : { Correspondent à l'aorte : / Antérieure : confluent des veines de la tête, encolure, cavités thoracique et abdominale. — Comprend surtout les jugulaires, les veines des membres antérieurs, la veine de l'éperon. / Postérieure : veines des membres postérieurs et du bassin (saphène).

CAPILLAIRES : vaisseaux microscopiques entre les veines et artères.

TISSU ÉRECTILE : amas de cellules où les artères et veines arrivent librement.

Mécanisme . . . .
/ Deux circulations : { Générale. / Pulmonaire.
Dans le cœur systole (συστολη, resserrement), et diastole (διαστολη, dilatation). — Le sang apporté dans l'oreillette droite par les veines caves, descend dans le ventricule droit d'où expulsé dans l'artère pulmonaire, va dans les poumons, hématose, revient dans l'oreillette gauche, ventricule gauche, aorte, etc. — Dans les capillaires du poumon, le sang veineux devient artériel ; c'est l'inverse dans les capillaires de la circulation générale.
Durée de la circulation : trente secondes.

Système de la veine porte. — Appareil vasculaire annexé au système des veines caves. — La veine porte n'a pas de valvule. Elle apporte au foie le sang des viscères digestifs, puis revient à la veine cave (veines sus-hépatiques). — Sa circulation se fait non par le cœur, mais par la contraction de ses parois.

Influence du travail et de l'alimentation. — Facilitent la circulation. Une bonne alimentation augmente la vitesse du sang. (Voir vingtième question).

Du pouls. — Passage du sang dans les artères (de trente-deux à trente-quatre pulsations par minute).

Hémorragie.. . . { **Veineuse** : Flux de sang produit par une déchirure ou une section d'une veine (pansement compressif).
Artérielle : Sang rouge, abondant, par jet. (Compression et ligature).

Saignée. — Opération qui a pour but de tirer du cheval une certaine quantité de sang ; d'ordinaire à l'encolure (jugulaire) : on saigne aussi aux ars, au palais. Nœud de la saignée (épingle et crins). Instrument : flamme.

Thrombus. — Tumeur due à un épanchement de sang et à la suite de saignée. Peu de gravité, si on le saigne de suite.

Varice. — Gonflement d'une veine par suite de rupture des membranes (saphène d'ordinaire).

Anévrisme. — Varice d'une artère.

Péricardite. — Inflammation du péricarde.

Dix-septième Question.

—

DE LA RESPIRATION

Définition. — Fonction qui convertit le sang veineux en sang artériel.

Appareil . . . . . . { Organes accessoires : fosses nasales, larynx, trachée, bronches, cavité thoracique, plèvres, thymus.
Organes essentiels : poumons.

ORGANES ACCESSOIRES :

FOSSES NASALES : Naseaux, ouverture gutturale, cavités nasales (cornets et méats), sinus (anfractuosités entre certains os du crâne et de la face, 6 en tout), pituitaire (membrane qui se replie à l'intérieur).

LARYNX : Boîte cartilagineuse communiquant avec le pharynx et la trachée. Le larynx est composé de 5 cartilages : thyroïde, cricoïde, épiglotte, arythénoïdes (2).

TRACHÉE : Long canal fibro-cartilagineux, dans le plan médian, du larynx au niveau de la base du cœur où il se bifurque pour former les bronches (cinquante cerceaux).

BRONCHES : Bifurcation de la trachée : celle de gauche plus petite ; forment l'arbre bronchique. Vésicules bronchiques.

THORAX : En avant de la cavité abdominale séparée par le diaphragme.

PLÈVRES : Membranes séreuses qui tapissent le thorax. 3 parties : pariétale, viscérale, médiastine (sépare les poumons).

THYMUS : Corps glanduleux situé dans la poitrine des poulains. Usage inconnu.

ORGANES ESSENTIELS. — POUMONS : Mous, spongieux, rosés, dilatables : à peu près semblables (droit plus gros). Lobules des poumons séparés par du tissu cellulaire. Dans les poumons, le sang veineux se change en sang artériel.

Mécanisme ......
- Phénomènes physiques : inspiration, expiration, rythme de la respiration, toux, ébrouement.
- Phénomènes chimiques : altération de l'air par la respiration (perte de 5o o/o d'oxygène ; augmentation notable d'acide carbonique). — Changement du sang veineux en sang artériel, sous l'action de l'oxygène dans les poumons. Hématose.

Aération des écuries. — Faut-il que les portes et fenêtres soient ouvertes ou fermées ? Discussion soulevée depuis longtemps. En tous cas, ventilation large, ventouses, cheminées d'appel et barbacanes.

Pousse. — Irrégularité des mouvements respiratoires. Soubresaut de la pousse. Traitement par l'arsenic, le vert en supprimant le foin. Était vice rédhibitoire dans la loi de 1838, a été remplacée, en 1884, par l'emphysème pulmonaire.

Cornage. — Bruit dans les organes respiratoires. Le cornage chronique est un vice rédhibitoire. Le cornage varie presque suivant chaque individu. Il y a des corneurs qui courent des steeple-chases, d'autres peuvent à peine trotter. Vice héréditaire. (Exemple : les fils de Wellingtonia, de Mandrake.)

Gourme. — Maladie des voies respiratoires, pituitaire rouge, chaude, sèche ; ganglions de l'auge engorgés ; du huitième au dixième jour, liquide épais par les naseaux. Très commune aux jeunes chevaux. On la croit contagieuse ; en général, peu grave.

Angine. — Inflammation de la membrane muqueuse qui tapisse le pharynx et le larynx. Douleur de la gorge, rougeur de la bouche, toux, tristesse. — En général, peu grave ; couvrir le cheval, boissons tièdes.

Bronchite. — Inflammation de la membrane muqueuse des bronches. Généralement grave. — Même traitement que la gourme.

Pneumonie ou fluxion de poitrine. — Inflammation du parenchyme pulmonaire. Très grave.

Pleurésie. — Inflammation de la plèvre. Grave.

Hydrothorax. — Accumulation de sérosité dans la poitrine. Suite de l'inflammation des plèvres. Presque toujours mortel.

Maladies vieilles de poitrine. — Maladie chronique du poumon ou de la plèvre. Respiration difficile. Le cheval ne peut faire grand travail. Difficile à diagnostiquer : aussi la loi de 1884 les a rayées des vices rédhibitoires.

Coup de chaleur. — Congestion pulmonaire survenant à la suite de forte chaleur. — Souvent mortel.

Dix-huitième Question.

—

DE LA NUTRITION

Définition. — Acte par lequel chaque organe emprunte au sang les éléments dont il a besoin en même temps qu'il abandonne ceux qui ne lui servent plus.

Mécanisme. — Les tissus mis en contact avec le sang y puisent les principes qui leur conviennent et se les approprient. (Loi d'affinité particulière.) En vingt-quatre heures, le cheval fournit environ quarante-deux kilogrammes de salive, cinq kilogrammes de bile, cinq kilogrammes de suc pancréatique, cinq kilogrammes de suc intestinal, douze kilogrammes d'urine : en tout, soixante-neuf kilogrammes. — L'albumine sert à la formation des tissus blancs; la fibrine forme les muscles. Les produits azotés donnent la graisse.

Influence.. ..... . { **De l'exercice.** — Il facilite la nutrition (sauteurs).
De la nourriture. — Augmente la nutrition.
De l'âge. — L'assimilation devient plus faible avec l'âge.

Dix-neuvième Question.

—

DU SANG

Définition. — Liquide qui circule du cœur aux extrémités, portant aux organes leurs aliments par les artères, les vaisseaux et les veines (composition chimique très complexe).

Sang veineux. — Celui qui circule dans les veines, rouge brun, presque noir ; retourne au cœur d'où il va aux poumons.

Sang artériel. — Rouge vif.

COMPOSITION DU SANG :
{ *Liqueur ou plasma*, transparente : le plasma constitue la partie assimilable du fluide.
{ *Globules :* sont rouges ou blancs : { Rouges : petits disques circulaires et aplatis ; membrane pellucide contenant un liquide rouge. Très grand nombre.
{ Blancs : incolores, sphériques. Moins nombreux.

COAGULATION DU SANG. — Phénomène par lequel le sang se divise en deux parties à l'air : { Caillot, partie solide : { blanc. noir.
{ Serum, liquide jaunâtre.

Le sang est à peu près la dix-huitième partie du poids du cheval.
Suivant la race : richesse ou pauvreté du sang. (Ce fait n'est pas démontré.)

Anémie. — Pauvreté du sang en globules.

Pléthore. — Excès de richesse en globules.

Vingtième Question.

—

DES SÉCRÉTIONS

Définition. — Fonction par laquelle les glandes fabriquent avec les éléments du sang les éléments divers de l'économie. Trois classes : excrémenticielles, recrémentitielles (produits repris par l'absorption interne), excrémento-recrémentitielles.

Sécrétion urinaire. — Celle qui produit l'urine.

Appareil urinaire..

REINS : Au nombre de deux, à droite et à gauche de la colonne vertébrale : le droit plus gros que le gauche ; chacun d'eux présente l'échancrure rénale d'où partent les ure- (Interne, tubulaire (bassinet du rein). tères. — Deux substances : { Externe, corticale. Les reins secrètent l'urine.

CAPSULES SURÉNALES : Placées sur le bord interne des reins.

URETÈRES : Canaux qui portent l'urine des reins dans la vessie, où ils débouchent entre la tunique charnue et la membrane muqueuse. Trois membranes : muqueuse, fibreuse, séreuse.

VESSIE : Réservoir musculo-membraneux. Trois membranes, muqueuse, musculeuse, séreuse. La vessie est située dans le bassin et en se remplissant s'avance dans la cavité abdominale. A la partie postérieure, *col de la vessie* et sphincter.

CANAL DE L'URÈTHRE : Canal excréteur définitif : chez le cheval, de la vessie à l'extrémité libre du pénis ; chez la jument, à la partie postérieure du vagin.

Mécanisme. — Sécrétion urinaire continue par le rein. L'urine descend dans le bassinet du rein, suit les urètères et arrive goutte à goutte dans la vessie. Impossibilité de remonter. Émission par contraction de la vessie et relâchement du sphincter.
L'urine renferme de l'eau, des sels et de l'*urée*.

Rétention d'urine. — Difficulté d'uriner. Souvent congestion des reins.

Vingt-unième Question.

—

Sécrétions de la peau. — Fonctions par lesquelles la peau produit un liquide (vapeur d'eau), transpiration.

Glandes sudoripares. — Celles qui secrètent la sueur. Situées dans l'épaisseur de la peau, tube enroulé sur lui-même et terminé par un canal excréteur. (Très nombreuses.)

Glandes sébacées. — Disséminées dans toute l'étendue de la peau, surtout au scrotum, au fourreau, à la vulve. En forme de petits sacs, elles secrètent la matière sébacée, liquide gras qui assouplit la peau. Mêlée avec des corps étrangers, la matière sébacée produit le cambouis.

Transpiration. — Formation de vapeur d'eau : { Insensible. { Sensible (sueur).

Rapport entre la transpiration et la sécrétion. — En sens inverse l'une de l'autre.

Pansage. — A pour but de tenir le corps propre. Instruments : manière de s'en servir. Le pansage contribue à maintenir les animaux en bonne santé. Pansage dehors, pansage dedans : avantages et inconvénients.

Arrêt de transpiration. — Quand la transpiration cesse subitement, pour une cause quelconque, grave, donne des maladies des appareils respiratoires et digestifs.

3

Vingt-deuxième Question.

—

DES ORGANES DE LA GÉNÉRATION.

Génération. — Fonction par laquelle les animaux se reproduisent.

Organes génitaux du cheval. — Testicules, épididyme, canal déférent, vésicule séminale, prostate, canal éjaculateur, pénis.

Organes génitaux de la jument. — Ovaire, oviducte, utérus, vagin, vulve, mamelles.

Mécanisme de la génération. — Chute de l'ovule, de l'ovaire dans l'oviducte. Action du sperme (animaux spermatiques) sur l'ovule. Germe, embryon, fœtus. Enveloppes fœtales.

De la castration. — Opération qui a pour but de priver un animal de la faculté de se reproduire.

Comment est-elle pratiquée ? — Casseaux, ligature, torsion, bistournage.

Suite des opérations. — Méthode des casseaux la plus usuelle. Incision des enveloppes, puis casseaux (morceaux de bois), en forme de V. A la suite se produisent la mortification et la chute des testicules.

Soins à donner après la castration. — Grande propreté, nourriture spéciale pour éviter le tétanos et la péritonite.

Tétanos. — Maladie nerveuse. Contraction des muscles. Mortelle.

Péritonite. — Inflammation du péritoine.

DEUXIÈME PARTIE

EXTÉRIEUR

Vingt-troisième Question.

Extérieur. — **Définition :** Partie de l'hippologie qui a pour but l'étude des beautés et des défectuosités du cheval considérées au point de vue des services.

Division :
- Régions du corps.
- Proportions.
- Aplombs (ferrure).
- Mouvements.
- Âge.
- Choix du cheval suivant les services.

Régions du corps :
- Tronc : Tête. Encolure. Corps.
- Membres : Antérieurs. Postérieurs.

Tête. — A pour base les os du crâne et de la face.

Formes de la tête :
- Carrée : type de beauté. (Cheval arabe et pur sang anglais.)
- Camuse : ligne concave du front au bout du nez. (Chevaux bretons, landais, corses, arabes.)
- De rhinocéros : dépression produite par la muserolle ou le caveçon : gêne la respiration.
- Busquée : convexité de la face antérieure de la tête. (Chevaux normands, limousins, espagnols, marocains, algériens.)
- Moutonnée : courbure du chanfrein commençant au front : mauvaise conformation.
- De lièvre : convexité dans la région du front, comme chez le lièvre. (Chevaux rétifs ou corneurs.)
- De brochet : très allongée.
- De vieille : longue et sèche.
- De vielle : courbe de la nuque à la lèvre : ressemble à l'instrument de musique.
- Grosse ou grasse.

Attaches de tête et différentes positions qui en résultent : avantages et inconvénients de chacune.

Attaches. — Base. — Premières vertèbres cervicales. (Atlas, axis : articulation atloïdo-axoïdienne.)

Tête bien attachée : quand la gouttière parotidienne est bien évidée, large.

Attache décousue : quand le sillon est trop prononcé.

Tête plaquée : quand le sillon n'existe pas ou très peu.

Positions. — Position verticale : convient aux allures très ralenties (mal de la tête). Oblique
en avant. Convient aux allures plus rapides en conservant le cheval dans la main. Cheval
d'armes ou tout cheval d'extérieur (vers 45°).
Plus ou moins horizontale : porte au vent ; défense du cheval quand elle est exagérée ; favorise
la vitesse. (Cheval de courses.)
Inclinée en dedans : cheval encapuchonné : en dedans de la main ; quelquefois gracieux : enlève
le perçant du cheval.

Position recherchée. — Suivant le cheval ou le service qu'on veut lui demander. L'état des
jarrets et des reins doit souvent être consulté. Observer aussi comment le cheval place de lui-
même sa tête quand on l'abandonne : chercher le pourquoi.

Importance de la tête au point de vue de la locomotion. — Forme un balancier avec l'encolure. Se servir de ce balancier et le placer suivant le service que l'on veut demander au
cheval. (Cheval de trait et de manège : position opposée.)

Vingt-quatrième Question.

De la nuque. — Sommet de la tête.
Base : protubérance occipitale.
Doit être large (développement de l'encéphale), arrondie et saillante.

Mal de taupe : Tumeur à la nuque : suppuration, abcès ; quelquefois l'abcès atteint le canal
rachidien. Le cheval ne veut pas se laisser toucher.
Traitement : lotions d'eau blanche, eau-de-vie, savon, alcool camphré. Consulter le vétérinaire.

Du toupet. — Touffe de crins entre les oreilles : chez les chevaux de sang, il est fin, soyeux,
lourd et moyennement long. Les barbes l'ont très long.

Du front. — Entre la nuque et le chanfrein.
Base : les pariétaux et le frontal.
Le front doit être *long et large*. Le front du poulain est convexe. Il se redresse avec l'âge.
Front du cheval méchant : étroit et bombé (regarder avec soin le front des chevaux rétifs).

Du chanfrein. — Entre le front et les naseaux : doit être droit, large et court. Sa forme contribue
beaucoup à celle de la tête.

Du bout du nez. — Entre les naseaux et la lèvre supérieure : poils qui aident au sens du toucher ;
quelquefois moustaches. Usage du tord-nez.

De la bouche. — Lèvres : doivent être minces, fermes, moyennement fendues : peau fine. Lèvres
trop épaisses ou trop minces : lèvres pendantes. Commissure des lèvres ni trop en avant, ni
trop en arrière. Plis transversaux des lèvres dont le nombre est un indice de l'âge.

Dents : Voir âge.

Barres : espace compris entre les molaires et les crochets (ou incisives). Servent à l'appui du
mors. Base : maxillaire recouvert de la muqueuse buccale. Doivent être moyennement arrondies. *Tranchantes*, elles sont trop sensibles ; *arrondies*, elles sont trop dures. Quelquefois
blessées par le mors.

PALAIS : voûte de la bouche. Base : os palatins et ptérygoïdiens. **Lampas.** (Voir à la digestion.)

CANAL : logement de la langue entre les branches du maxillaire.

LANGUE : suspendue par l'os hyoïde. Ne doit être ni trop épaisse, ni trop mince, ni pendante, ni serpentine. Langue coupée.

GENCIVES : portent les dents qui deviennent déchaussées en vieillissant.

Renseignements fournis par la bouche. — Indique souvent le mors à employer et la façon de conduire le cheval.

Vingt-cinquième Question.

—

Du menton. — Entre la lèvre inférieure et la barbe. Houppe du menton.

De la barbe. — En arrière du menton. Base : réunion des branches du maxillaire : apophyse génnienne porte la gourmette. Ni trop arrondie, ni trop tranchante. Blessures de la gourmette.

De l'auge. — Cavité entre les branches du maxillaire : doit être large et nette.
L'engorgement des ganglions de l'auge se produit dans les maladies des voies respiratoires et de la bouche. En cas de morve, ils sont adhérents à l'os : ils sont non adhérents dans les autres cas.

Des oreilles. — Servent à l'organe de l'ouïe (oreille externe) : doivent être petites, animées, bien taillées.
Différentes sortes : *bien placées* ; cheval *oreillard* (oreilles pendantes) ; *oreilles de cochon,* cheval *moineau* ; cheval *bretaudé* (oreilles et queue coupées). En Algérie, oreilles fendues : autrefois on fendait l'oreille aux chevaux réformés.

Indices fournis par les oreilles :

SUR LE CARACTÈRE : Oreilles en arrière : cheval méchant. Oreilles en sens divers : cheval peureux.

SUR LA VUE : Le cheval aveugle a toujours les oreilles en mouvement.

SUR LA SURDITÉ : Le cheval sourd remue peu les oreilles et les dirige du côté où il regarde.

Vingt-sixième Question.

—

Des parotides. — Glandes situées au-dessous de l'oreille. (Voir aux glandes : quest. 15.)
Fistules : Plaies qui surviennent aux parotides et qui forment un conduit artificiel (fistule). On guérit par la cautérisation.

Des tempes. — Entre les joues et le front : au-dessous de l'oreille.
Base : arcade temporale et articulation du maxillaire inférieur. — Poils blancs : signe de vieillesse ; chez le poulain, ils indiquent une robe avec des poils blancs.

Des salières. — Cavités au-dessus des yeux.
Creuses chez le vieux cheval ainsi que chez le jeune cheval issu de vieux parents. (Insufflation d'air par les maquignons.)

De l'œil. — Voir à l'article œil. (Question 13.)
Caractères d'un bon œil : Grand, bien ouvert, à fleur de tête et loin de la nuque. Paupières fines, souples, très mobiles, bien fendus.

Étude de la conjonctive au point de vue de la santé. — Elle doit être de couleur rosée. Pâle, elle indique l'anémie ; rouge, une maladie inflammatoire.

Défectuosités de l'œil .... {
Petit ou gras : œil de cochon.
Gros ou de bœuf.
Inégal : souvent à la suite de fluxion.
Cerclé : cercle blanc formé par la sclérotique.
Myope : vue de près.
Presbyte : vue de loin.
Vairon : dont l'iris n'est pas coloré.

Manière d'examiner l'œil du cheval. — Dans l'obscurité d'abord, puis en pleine lumière. La pupille doit se rétrécir. Voir si les yeux sont égaux, s'il n'y a pas trace de fluxion (feuilles mortes) : examiner la conjonctive en ouvrant les paupières avec le pouce et le premier doigt.

Vingt-septième Question.

—

Des joues .... {
Entre l'encolure, les lèvres, les tempes, les yeux, le chanfrein, les gencives. La partie supérieure s'appelle *plat de la joue* (muscle masséter).
Cheval qui fait magasin : Celui qui garde des aliments accumulés entre les dents et la joue, soit par suite du mauvais état des molaires, soit par suite de paralysie des joues.
Fistule salivaire : plaie (canal) qui laisse échapper la salive.

Des naseaux ... . {
Orifices extérieurs des cavités nasales : doivent être grands ; de grands naseaux correspondent à une grande poitrine. — La pituitaire doit être rose : en cas de maladie, elle est rouge ; dans la morve, elle est pâle et présente des chancres. — Manière d'examiner la pituitaire.
Jetage de la morve et des gourmes : {
Montrer au vétérinaire dès qu'il y a jetage.
Celui de la *morve* est visqueux, verdâtre, quelquefois sanguinolent (morve aiguë), exceptionnellement clair, limpide. — Celui des *gourmes* est aussi verdâtre. — Dans la morve, chancres de la pituitaire : ganglions de l'auge adhérents à l'os.
Naseaux du cheval poussif. — Marquent un mouvement de soubresaut d'avant en arrière : sont isochrones aux mouvements du flanc.

Des ganaches ...... {
Parties qui circonscrivent la cavité de l'auge. Base : bord refoulé.
Cheval chargé en ganaches : Fortes ganaches, signe de race commune.

Vingt-huitième Question.

DE L'ENCOLURE . . . . . { Entre la tête, le garrot, les épaules et le poitrail.
Base : vertèbres cervicales, muscles, ligament cervical, trachée-artère, œsophage.

Différentes parties.

DEUX FACES (droite et gauche) : gouttière de la jugulaire.

DEUX BORDS : { Supérieur porte la *crinière* : différentes sortes de crins : crinières : double, en brosse, à la hussarde.
Inférieur (gosier et gorge).

DEUX EXTRÉMITÉS : antérieure et postérieure.

Diverses sortes d'encolure et positions de tête correspondantes.

Encolure.... .... {
Bien sortie ou mal sortie suivant la forme de l'extrémité postérieure.
Droite ou pyramidale, favorable aux allures rapides.
Rouée. — Tête ramenée.
Renversée ou de cerf. — Tête en l'air.
De cygne. — Renversée à sa base et rouée à son extrémité antérieure (tête ramenée).
Penchée. — Bord supérieur dévié.

Importance de l'encolure au point de vue de la locomotion. — Avec la tête, elle forme levier, gouvernail, balancier du corps.

Son rôle en équitation. — Indique souvent la façon de placer la tête. Placer l'encolure elle-même suivant le service qu'on veut demander au cheval. Des flexions, assouplissements d'encolure. (Voir *Questionnaire d'équitation*.)

Rouvieux. — Espèce de gale de la crinière. Vient aussi à la queue.

Goître. — Grosseur de la partie supérieure du gosier due à l'hypertrophie des corps thyroïdes. Rare ; peut être extirpée, peu dangereuse.

Cornage. — Voir dix-huitième question.

Trachéotomie. — Ouverture pratiquée dans la trachée pour diminuer le cornage. Tube à trachéotomie.

Saignée. — (Voir à la question : Circulation.) Opération qui consiste à extraire du sang d'ordinaire des veines. — Saignée pratiquée habituellement à la jugulaire à gauche et au tiers en partant de l'extrémité supérieure. On tire trois kilos de sang et au-dessus (dans les grandes saignées). Opération. — Flamme (description), bâtonnet, épingles, vases gradués, crins. Nœud de la saignée. Le cheval à saigner ne doit pas avoir mangé ; le laisser au repos après la saignée. Accidents à la suite de la saignée.

Thrombus. — (Voir à la question : Circulation.) Mal de saignée. Causes : frottement sur la saignée ; vert ou travail trop tôt. — Terminaisons, résolution : phlébite, suppuration ou abcès, gangrène, état chronique.

Coup de lance. — Dépression musculaire en avant de l'épaule.

Coup de hache. — Dépression prononcée entre le garrot et l'encolure.

Vingt-neuvième Question.

—

Du garrot........
Entre l'encolure et le dos, au-dessus des épaules.
Base : apophyses épineuses des premières vertèbres dorsales.
Beautés : élevé, prolongé en arrière, sec, net. (Énumérer les avantages de cette conformation.)

Différentes sortes :
- Bien fait (voir ce qui précède).
- Coupé : court.
- Trop élevé : trop tranchant.
- Bas et gras.

La forme du garrot joue un grand rôle dans la locomotion.
Elle se dessine très tard chez le jeune cheval.

Mal de garrot. — Tumeur à la suite de blessure; peut devenir très grave. Mettre une éponge; eau blanche, frictions d'eau-de-vie camphrée, etc.

Abcès. — Tuméfaction dure, un peu douloureuse; à la partie centrale, petit foyer purulent. Ponction au bistouri ou au cautère, puis vésicatoire.

Cors. — Mortification de la peau. Si le cor est superficiel, application de corps gras; s'il est profond, on l'extirpe.

Fistules. — Plaies disposées en canal et donnant écoulement à du pus. Les débrider, tenir propres, injections cicatrisantes.

Plaies. — Blessures ou en général toute solution de continuité de la peau ou des tissus mous.

Du dos... .. ..
Entre le garrot et les reins. — Base : dernières vertèbres dorsales. — Doit être droit.

Différentes sortes. — Plongeant; ensellé ou creux; dos de mulet; dos de carpe, dos court, dos long, dos large, dos tranchant, dos double.

Phlegmon. — Inflammation du tissu cellulaire : tumeur dure qui finit par un abcès. (V. plus haut.) Même traitement.

Cors, fistules. (V. plus haut.)

Modifications à apporter aux harnachements : Empêcher qu'ils portent sur la partie malade, rembourrer la selle, fontaines, mettre une couverture, éponge, etc.

Trentième Question.

—

Du rein..............

Entre le dos et la croupe. Base : vertèbres lombaires.
Doit être droit, court, large.

Différentes sortes. — Bien attaché, mal attaché, long, faible, étroit, double.

Importance. — Porte le poids du cavalier.

Effort de reins ou tour de reins. — A la suite d'un effort, le rein reste raide. Le cheval marche d'une seule pièce, ne peut tourner. Il peut toutefois galoper et rendre des services attelé. Au trot il se balance. Cet état s'améliore fréquemment sans se guérir tout à fait.

Mal de rognon. — Phlegmon qui survient sur le rein, d'ordinaire par blessure du harnachement. Même traitement que le mal de garrot.

De la queue.. ...

Ensemble des crins et des os coccygiens.

Différentes sortes :

Bien attachée. — Ni trop haut, ni trop bas : la queue attachée trop haut est aussi vilaine que la queue attachée trop bas.
Mal attachée.
A tous crins.
Cheval écourté, courte queue. (Enlever les nœuds.)
Cheval brétaudé. (Oreille et queues coupées.)
En balai. — Tronçon raccourci, mais crins longs.
En catogan. — Crins des deux côtés du tronçon raccourci.
De rat. — Peu ou pas de crins.
Cheval niqueté. — Muscles abaisseurs coupés. (Usage de la poulie au plafond.)
A l'anglaise. — Celle du cheval niqueté qu'on a de plus écourtée.

Indices qu'elle fournit. — Signe de *force* quand les muscles abaisseurs sont forts; *distinction* quand elle est bien portée. — Juments pisseuses fouaillent de la queue. Quelques chevaux ont aussi ce tempérament.

Plaies. — D'ordinaire par la croupière.

Tumeurs mélaniques : (Hémorroïdes.)
Grosseurs noires qui donnent un liquide fétide. Ne se voient que sur les chevaux gris. Très fréquentes. Incurables.

Trente-unième Question.

—

De l'anus. — Orifice postérieur du canal intestinal. Muscle sphincter. L'anus doit être bien marronné.
Le cheval *vidard* a l'anus béant. L'anus est quelquefois le siège d'une fistule et souvent de tumeurs mélaniques. (V. question précécédente.)

Du périnée. — Espace compris entre les fesses, l'anus et les testicules (ou la vulve). La peau doit y être lisse, fine et sans poils. Le périnée est quelquefois déchiré chez les poulinières.

Du raphé. — Couture médiane du périnée.

Du poitrail . . . . .

Entre les bras et les pointes des épaules. Base : extrémités antérieures du sternum et muscles.

Différentes sortes : doit être assez large et bien musclé ; la largeur permet la force ; il est moins large pour la vitesse.

Sétons : Opération qu'on fait souvent sur le poitrail et aussi sur la fesse, la poitrine, etc. Consiste à introduire un corps étranger dans les tissus pour obtenir suppuration.
Séton à mèche. — Introduire un ruban de fil sous la peau avec une aiguille. Nœud du séton.
Séton à rouelle. — Introduire une rondelle de cuir.
Trochistique. — Introduire une substance irritante.
Dans les sétons, la suppuration vient en deux jours. On peut les laisser assez longtemps. Tenir propres. Le séton au poitrail n'indique rien de grave.

Vésicatoires. — Application au poitrail ou ailleurs de vésicants pour amener une inflammation et exsudation de liquide séreux (frictions, pommades, onguents). Au poitrail, les traces indiquent qu'on a traité une maladie grave.

De l'ars. — Points de jontion du bras avec le tronc. — Cheval qui se *fraie aux ars.* Frottement irritant.

De l'inter-ars. — Entre les deux membres antérieurs. Siège ordinaire des sétons et des vésicatoires dans cette région.

—

Trente-deuxième Question.

—

Du passage des sangles. — En arrière des coudes et de l'inter-ars ; doit être arrondi sur les côtés, aplati en bas, bien descendu. — Manière usitée chez les entraîneurs pour les poulains.

Sétons et vésicatoires. — (V. quest. précéd.) Mis dans les mêmes cas.

Des côtes.... .....

Base : les os du même nom. Doivent être arrondies, espacées, longues pour donner grande poitrine et épaule oblique.

Cors, fistules, plaies. Comme sur le dos (question 3o).

Côte fracturée par suite de chute, de coup. Les abouts en se réunissant forment souvent des exostoses qui peuvent être graves.

Traces de sétons et de vésicatoires. — Indiquent qu'on a traité une maladie de poitrine.

De la poitrine......

Cavité qui contient le cœur et les poumons.

Sa situation. — Formée par le garrot, les côtes, le passage des sangles, le poitrail. (Sternum, côtes, vertèbres.)

Ses dimensions :

Doit être longue, profonde, large.

Longueur : De la partie antérieure du poitrail au flanc.

Profondeur : Du sommet du garrot au passage des sangles.

Largeur : D'une côte à l'autre opposée.

Utilité de faire tousser. — La toux indique l'état de la poitrine. Manière de faire tousser : presser la gorge avec les doigts.

Importance de la poitrine. — A cause des organes qu'elle renferme Une poitrine belle est nécessaire à un bon cheval.

Trente-troisième Question.

Du flanc.... .....

Entre les côtes, la hanche, la cuisse, le rein, le ventre.

Trois parties : le creux en haut, la corde au milieu, la partie fuyante au bas. Le flanc doit être court, arrondi, régulier dans sa forme et dans ses mouvements.

Différentes sortes :

Creux : Quand cavité trop forte ; accompagne le ventre de vache.

Retroussé : Cheval qui se nourrit mal ou est mal nourri.

Cordé : Quand la corde du muscle petit oblique se dessine trop sous la peau : indique mauvaises digestions (cheval efflanqué).

Indices fournis :

En cas de pousse : soubresaut ou coup de fouet. (Voir quest. 18.)

En cas de colique : Le flanc devient cordé ; le cheval regarde souvent son flanc.

Du ventre......... {

> Entre le passage des sangles, les organes génitaux et le grasset, au-dessous des flancs et des côtes.

> **Différentes sortes :** {
> - Le ventre bien fait ne dépasse pas le cercle cartilagineux des côtes.
> - Avalé ou tombant, à ventre de vache, quand il est trop volumineux.
> - Levretté, étroit de boyaux ; ventre insuffisamment développé.

> **Hernie.** — Déplacement et sortie d'une partie d'intestin de sa cavité.
> La hernie peut être ombilicale, inguinale, crurale, ventrale ou abdominale.
> Les hernies se produisent par suite d'efforts. — Graves.

> **Œdème.** — Tumeur due à la sérosité infiltrée dans le tissu cellulaire. D'ordinaire aux membres et sous le ventre. Provient de plaie, contusion ou piqûre. — Peu grave.
> L'œdème général s'appelle *anasarque*. — Mortel.

Trente-quatrième Question.

—

Organes génitaux du cheval. — Testicules, fourreau, verge.

ORGANES GÉNITAUX : {

> **TESTICULES.** — Contenus dans les bourses : le gauche un peu plus gros. A la naissance, les testicules sont dans les bourses ; au bout de quelques jours ils remontent et redescendent quelques mois plus tard. Bourses : cinq tuniques superposées.

> **FOURREAU.** — Enveloppe de la verge : ferme, luisant, onctueux, assez grand. — *Cambouis*, si le fourreau n'est pas propre. — Bruit de grenouille.

> **PÉNIS ou VERGE.** — Lisse, uni, cylindroïde ; doit sortir pour uriner. — Cheval qui pisse dans son fourreau. — Verge pendante.

DOURINE. — Syphilis du cheval ? — Les chevaux atteints (généralement en Orient) sont soumis à une loi de police sanitaire.

Cheval monorchide. — Qui n'a qu'un testicule descendu ; l'autre est dans l'abdomen.

Cheval cryptorchide. — (Quelquefois pif, bistourné — ce dernier mot est impropre.) Dont les testicules ne sont pas descendus.
Inaptes à la reproduction. — Exemple de La Clôture à Pompadour.

Hydrocèle. — Hydropisie de la gaine vaginale ; produit l'atrophie du testicule, prédispose aux hernies.

Champignon. — Tumeur indurée de l'extrémité du cordon après la castration. Difficile à cicatriser, car souvent vient une fistule.

Fistule. — Plaie suppurant et formant canal.

On trouve encore comme maladie des organes génitaux : l'*œdème* (enflure), l'*orchide* (inflammation du tissu), le *sarcocéle* (induration à la suite d'orchite), le *cancer*, les *kystes*, la *hernie*.

Castration. — Voir question 23.

Différents procé-dés :
/ Par les casseaux. (V. quest. 23.)
Par la ligature : comprimer le cordon par un lien ciré.
Par torsion et arrachement.
Par le feu (anciennement).
Par écrasement du cordon.
\ Par excision simple.

Suites à craindre : Inflammation du péritoine, tétanos, gangrène.

Bistournage. — Opération qui consiste à tordre les cordons, d'où atrophie des testicules. Le cheval bistourné a donc encore ses testicules.

Cheval hongre : cheval castré (de Hongrie).

Castration des chevaux cryptorchides. — Difficile, parce qu'il faut rechercher les testicules dans l'abdomen.

Organes génitaux de la jument. — Vulve et mamelles.

Organes génitaux :
/ Vulve. — Orifice extérieur des organes génito-urinaires de la jument. Lèvres arrondies avec peau fine. Clitoris à la commissure inférieure.
\ Mamelles. — Au-dessous du pubis, en arrière du ventre. Plus fortes chez les poulinières. Mamelons.

Pouliches bouclées. Erreur de lieu (mortelle).

Plaies a la vulve. — Déchirures. — Dourine.

Dépôt de lait. — Engorgement des mamelles par suite de lait trop abondant. Cette maladie s'appelle aussi *mammite*.

Trente-cinquième Question.

De l'épaule..., ...
/ Base : le scapulum. Située entre l'encolure, les côtes, le garrot, le bras. L'épaule se confond avec les parties voisines.

Longueur : Du sommet du garrot à la pointe du bras. Cette longueur est à peu près la même que celle de la tête.
L'épaule doit être le plus long possible.

Direction :
/ Doit être oblique.
La belle épaule est longue, oblique et sèche.
La direction oblique convient à tous les services, donne liberté du mouvement.
\ La direction se modifie avec le service demandé au cheval.

L'épaule doit être très musclée ; mais ni massive, ni charnue, ni épaisse, ni noyée ou plaquée.

De l'épaule. . . . . .
Épaules froides. — Celles du cheval qui n'a qu'un mouvement d'épaules restreint au sortir de l'écurie.

Épaules chevillées. — Celles du cheval qui éprouve une gêne *permanente* dans son mouvement d'épaules.

L'origine des épaules froides et chevillées est : les rhumatismes, la souffrance des pieds (névrotomie).

Écart d'épaule. — Affection qui a d'ordinaire pour siège l'articulation scapulo-humérale. Suite d'accident. Le cheval *fauche* en marchant et boite. — On traite par les vésicatoires, sétons, feu. — Difficile à guérir.

Angle scapulo-huméral. — Varie entre 100 et 130°. Moyenne 107° 7'. (Goubieux et Barrier.)

Du bras. — Entre l'épaule et l'avant-bras. Se joint à la pointe de l'épaule.
Base : l'humérus.

Le bras doit être long, mais pas trop. La longueur comprise entre la pointe de l'épaule et l'articulation huméro-radiale donne un peu plus d'une demi-tête. Si le bras est trop long par rapport à l'épaule, le cheval rase le tapis ; s'il est trop court, peu d'extension : mouvements bornés.

Le bras fait un angle d'environ 50° avec l'horizon.

<h1 style="text-align:center">Trente-sixième Question.</h1>

—

De l'avant-bras. — Entre le bras et le genou. Bases : le radius et une partie du cubitus.
Doit être long, large et bien musclé.

Son importance au point de vue de la vitesse. — Plus l'avant-bras est long, plus le canon est court ; plus le genou est près de terre, plus le mouvement est considérable. Avec un avant-bras court, le cheval trousse et trotte du genou. (Chevaux hollandais.)

De la châtaigne. — Production cornée vers le tiers inférieur de la face interne de l'avant-bras.
Utilité inconnue.

Du coude. . . . .
A la partie supérieure et postérieure de l'avant-bras.
Base : le cubitus (olécrane).
Doit être dans un plan parallèle à l'axe.

EN DEDANS : poitrine serrée, côte plate : cheval étroit et panard.

EN DEHORS : le membre est cagneux.

Éponge. — Tumeur qui se développe à la pointe du coude chez les chevaux qui se *couchent en vache*.

Supprimer la cause en ferrant court ou en enveloppant le pied du cheval.

Du genou . . . .

Correspond au poignet de l'homme, fait suite à l'avant-bras. Base : os du carpe.

Deux mouvements : flexion et extension. Deux faces : antérieure et pli du genou. Deux côtés.

Doit unir le radius et le canon dans une direction verticale.

Genoux : arqué, brassicourt, creux, cambré, de bœuf. (Voir question 45. Le genou doit être gros, large, épais.

Genou de veau : qui est grêle.

Genou couronné : indice de chute (différentes marques). — Moyens de traiter après l'accident, de cacher les marques. Manières dont les chevaux se couronnent. (Ces différents renseignements, ne pouvant être résumés, seront développés au cours.)

Osselets : Exostoses autour du genou. Quand ils font le tour, le genou est dit *cerclé*. Signe de fatigue.

Vessigon : Tumeur molle de même nature qu'au jarret. (Voir question 43.) D'ordinaire au pli du jarret.

Malandres : Fentes ou crevasses au pli du genou ; d'ordinaire suite de malpropreté.

Trente-septième Question.

Du canon . . . .

Entre le genou et le boulet.

Base : os du canon, péronés, tendons.

Doit être vertical, court, gros, lisse.

Suros : Exostoses, d'ordinaire à la suite de coups. Graves quand ils sont sur le passage d'un ligament. Traités par l'iode, pointes de feu.

Ils sont :

SIMPLES : Un seul.

CHEVILLÉS : Deux se correspondant en dedans et en dehors.

FUSÉS : Plusieurs à la suite diminuant de grosseur.

EN CHAPELETS : Plusieurs à la suite de même grosseur.

Des tendons . . . .

On appelle tendons les deux cordes tendineuses des muscles fléchisseurs superficiel et profond des phalanges (perforant et perforé).

Le tendon (réunion des deux cordes) doit être sec, ferme, sans engorgement, détaché du canon, séparé de la corde du ligament suspenseur du boulet. Peau mince et souple. Le perforé est traversé par le perforant au niveau du boulet et du paturon et va s'insérer sur la face postérieure de l'os de la couronne en deux branches. Le perforant glisse sur les sésamoïdes et va s'insérer sur la face inférieure de l'os du pied.

Des tendons........ {

Devant le canon et appliqué sur l'os se trouve le tendon du muscle extenseur qui s'insère sur le bord antérieur de l'os du pied. — Peu important au point de vue qui nous occupe.

Ligament suspenseur du boulet. — Très fort ligament qui vient s'insérer sur les grands sésamoïdes. Il est logé contre la face postérieure du canon, entre les péronés.

Bride carpienne. — Lanière fibreuse inextensible qui va des ligaments postérieurs du carpe au tendon perforant.

Efforts et distensions. — Efforts ou nerf-férures : à la suite d'atteintes ou plus souvent de tiraillements. — *Cheval claqué* : engorgement très fort, boiterie : les fibres sont déchirées, écrasées. Laisser au repos, vésicatoires, feu. — Manière de tâter les jambes (entre le pouce et le premier doigt). Chaleur révélant la souffrance. — Distinction entre *cheval chauffé* et *cheval claqué*.

D'ordinaire, c'est le tendon qui est atteint; quelquefois c'est la bride carpienne, le ligament suspenseur, les gaines. — (On appelle « gaines » des synoviales qui enveloppent le tendon sur le tiers du canon environ. Celle du haut s'appelle « gaine carpienne; » celle du bas s'appelle « gaine métacarpienne ».)

Traitements : Le repos, les vésicatoires, le feu.

Application du feu. — Thermo-cautères : feu en raie, feu en pointes. — Inflammation à la suite du feu. — Comment on pratique l'opération.

Tendon failli : Quand il est collé au canon au-dessous du genou.

Eaux aux jambes. — Affection des parties inférieures qui remonte souvent dans tout le membre. Il découle une humeur aqueuse, abondante et fétide. — Difficile à guérir.

Trente-huitième Question.

—

Du boulet...... ... {

Entre le canon et le paturon.

Base : Les extrémités de l'os du canon, du paturon et les deux grands sésamoïdes.

Le boulet doit être large, épais; on lui trouve quatre faces.

Rôle des sésamoïdes. — Poulies de renvoi pour les tendons.

Cheval bouleté. — Celui dont les boulets sont déviés par suite de la rétraction des tendons fléchisseurs du pied.

Cheval qui se coupe. — Celui qui s'atteint avec les fers. Souvent suite de manque de force. — Protecteur Lacombe ; guêtre à la marchande. Faire attention à la ferrure.

Du boulet.... ......

Boulet couronné. — Suite de chute comme au genou.

Molettes :
Petites tumeurs molles provenant de l'hydropisie de la capsule synoviale ou des gaines.
Molette articulaire : Entre le canon et le suspenseur du boulet.
Molette tendineuse : Au-dessus et au-dessous des sésamoïdes.
Molette indurée : Quand elle devient dure.
Molette simple ou chevillée : Comme les suros.
Les molettes varient beaucoup de grosseur. La molette articulaire est la plus grave. — Pour faire diminuer les molettes : flanelles à l'écurie, le repos; quelquefois le feu, quand il y a boiterie. — Presque tous les chevaux travaillant beaucoup ont des molettes.

Boulet cerclé. — Entouré d'exostoses (comme pour le genou).

Hygroma. — Tumeur analogue à la molette, en avant du boulet sur le trajet du tendon extenseur.

Effort de boulet. — Entorse de l'articulation, distension des ligaments à la suite d'efforts. Très fréquent chez les chevaux de course. Le boulet est très chaud; le cheval boite bas. — Mettre dans l'eau, vésicatoires, le feu.

Atteintes. — Plaies produites par le contact du fer, soit du pied de l'autre côté, soit (aux boulets antérieurs) du pied postérieur (rive interne du fer). Exemple des trotteurs. Supprimer la cause, mettre des guêtres, des flanelles.

Du fanon. — Bouquet de poils en arrière du boulet, autour de l'ergot. Très fort chez les chevaux communs.

De l'ergot. — Production cornée en arrière du boulet ; porte quelquefois à terre dans les très grandes allures.

Quarantième Question.

Du paturon... ......

Entre le boulet et la couronne.
Base : os du paturon, tendons.

Direction et longueur. — Oblique (à peu près à 55°). Il doit être plutôt court que long. — Long jointé. Court jointé. Droit jointé (angle avec l'horizon plus grand que 55°). Bas jointé (angle avec l'horizon plus petit que 55°). D'ordinaire à la fois long et bas jointé, ou court et droit jointé. Les deux conformations sont mauvaises, surtout la première, commune aux chevaux de sang.

Formes. — Tumeurs d'abord molles devenant exostoses; assez rares au paturon. (Voir plus bas à la couronne.)

Crevasses. — Fentes de la peau survenant au pli des articulations, surtout au paturon. Très fréquentes chez les chevaux à peau épaisse. Le cheval qui a des crevasses boite très bas au sortir de l'écurie, puis ne boite plus une fois échauffé. Les crevasses viennent à la suite de marche dans les terrains humides, argileux, sablonneux. — Les soigner de suite ; mettre de l'onguent spécial. Les crevasses mal soignées peuvent donner les eaux-aux-jambes, le javart, la crapaudine.

Prise de longe. — Déchirure de la peau par le frottement de la longe. Se soigne comme une plaie.

Eaux-aux-jambes. (Voir question 38.)

De la couronne..... { Partie située entre le paturon et le sabot.
{ Base : os de la couronne.
{ Doit être large, sèche et nette.

Formes plus ou moins graves, suivant leur situation. — Les formes sont des tumeurs dures (exostoses). D'ordinaire à la couronne. Elles sont graves quand elles sont situées sur le passage de tendons et ligaments. On les traite par des pointes de feu.

Boiterie nécessitant la névrotomie. — La névrotomie est une opération qui consiste à couper les nerfs du pied. L'animal ne sentant plus la douleur ne boite plus. L'opération se fait au-dessus et au-dessous du boulet. On l'emploie dans les boiteries que l'on croit incurables (formes, maladies du pied). Cette opération tend à devenir usuelle. Donne souvent de très bons résultats.

Atteintes. — (Voir question 39.) Accidents fréquents à la couronne.

Crapaudine. — Ulcère sur le devant de la couronne, à l'endroit où l'ongle se réunit à la peau. Chez l'âne, on l'appelle *mal d'âne.* — Quelquefois incurable,

Javart. — Nom générique commun à plusieurs maladies qui affectent les parties inférieures des membres. En général, forme de furoncle ou d'ulcère. On distingue, suivant les tissus attaqués, les javarts *cutané, tendineux, encorné, cartilagineux.* On guérit le javart par une opération dite du javart.

Quarante et unième Question.

—

De la croupe.. ... · { Entre les reins, les hanches, la queue, les cuisses et les fesses.
{ Base : le sacrum, le coxal.
{ **Son importance au point de vue de la locomotion.** — La croupe
{ unit les extrémités postérieures au tronc. Elle renferme des leviers qui
{ transmettent au corps les efforts des membres.

De la croupe........

Différentes formes :

Une croupe bien faite est longue, assez oblique, large, musclée. (Cheval en forme de coin.)

Trop horizontale. — Celle dont la ligne du dessus prolonge le dos et le rein. — D'ordinaire queue attachée trop haut : mauvaise conformation, mais assez fréquente.

Trop oblique. — Avalée, en pupitre, coupée. Ces conformations donnent souvent des chevaux puissants : elles sont cependant défectueuses.

De mulet, tranchante. — Quand l'épine sus-sacrée est en saillie et que les faces s'abaissent de chaque côté. Se trouve d'ordinaire chez les chevaux serrés du derrière.

Anguleuse. — Quand les saillies des os sont très visibles. Conformation à rechercher (cheval taillé à coups de hache).

Double. — Inverse de la croupe tranchante, sillon au-dessus de l'épine sus-sacrée. (Chevaux de trait.) Le cheval se berce.

Ecart de hanche (allonge). — Entorse de l'articulation coxo-fémorale. Vésicatoires, feu.

De la hanche.... ..

Entre le flanc et la croupe.
Base : saillie de l'angle antérieur et externe de l'ilium.

Différentes sortes :

La hanche bien faite est saillante. Quand elle l'est trop, cheval *cornu*.
Hanche *noyée*, *coulée*, *effacée* : celle qui n'est pas assez saillante.

Coup de balai. — Fracture de la pointe de la hanche. Le cheval est dit déhanché, éhanché, épointé. Cet accident ne nuit pas au service. Assez fréquent, il se produit d'habitude quand le cheval entre ou sort et se frappe aux angles des portes.

De la fesse. ... ...

Au-dessous de la croupe, en arrière de la cuisse et au-dessus de la jamb.
La fesse doit être longue et forte. Angle (ou pointe) de la fesse bien saillant.

Fesse coupée. — Celle qui ne descend pas assez bas.

Raie de misère. — Sillon qui se remarque chez les chevaux maigres entre les muscles de la fesse. Ce sillon se remarque aussi chez les chevaux très entraînés. Savoir distinguer ces deux cas.

Traces de sétons et de vésicatoires. — Comme dans les autres parties du corps. Indiquent qu'on a traité une maladie, une plaie, un dépôt, etc.

Quarante-deuxième Question.

—

De là cuisse. .....
{ Point où le membre postérieur se détache du tronc.
Limitée par la croupe, la hanche, la jambe, le grasset, le flanc.
Deux faces et deux bords.
Bases : le fémur et les muscles.
Doit être suffisamment oblique, longue, épaisse (cheval bien culotté, *bien gigotté*, par opposition à celui qui est *grenouillard*, qui a la cuisse de grenouille ou plate.
La cuisse doit être un peu oblique par rapport au plan médian.
Marques sur les cuisses (autrefois dans l'armée, haras étrangers).

De la saphène. — Veine qui se remarque sur la face interne de la cuisse. On y pratique quelquefois la saignée.

Du grasset. ....
{ Au point de jonction de la jambe et de la cuisse, en arrière du ventre. — Pli du grasset.
Base : la rotule.
Doit être bien musclé.

Vessigon du grasset. — Accumulation de synovie dans la capsule articulaire. Accident grave.

Luxation de la rotule. — Accident qui se produit chez les jeunes poulains (poulinaille); se guérit très bien. Grave chez les vieux chevaux. — On voit aussi quelquefois la fracture de la rotule.

De la jambe. .....
{ Entre la cuisse et le jarret.
Base : tibia et muscles.
Doit être *longue, large, fortement musclée*.
La jambe du cheval correspond chez l'homme au mollet. C'est sur la face interne qu'on voit les marques d'embarrure.

Quarante-troisième Question.

—

Du jarret. ....
{ Entre la jambe et le canon.

Os et ligaments :
{ Base : partie inférieure du tibia, partie supérieure de l'os du canon et des péronés ; os du tarse (astragale en avant, calcanéum en arrière (talon); au-dessous rangée d'os plats).

Du jarret

Os et ligaments : Tendons fléchisseurs et extenseurs du pied qui glissent sur les os du tarse ; ligaments. — Les os du jarret sont unis entre eux par de nombreux ligaments très forts et avec le tibia et le canon par un ligament antérieur et un extérieur.

Son importance. — Cheville ouvrière du mouvement.

Ses parties :
- *Pli* ou partie antérieure.
- *Pointe* : extrémité supérieure du calcaneum.
- *Corde* : Paquet de muscles au-dessus.
- *Creux* : Cavité entre la corde et le bas du tibia.

Ses dimensions :
- Le jarret doit être large, épais, sec, net, parallèle à l'axe du corps ; angle de 140° au moins. Chevaux de course de 155° à 160°.
- La largeur : du pli à la pointe.
- L'épaisseur : entre les deux faces.

Différentes formes :
- Bien fait. (Voir plus haut.)
- Étranglé : manque de largeur à sa partie inférieure.
- Étroit : manque de largeur partout.
- Droit : Angle tibio-tarsien trop ouvert.
- Coudé : angle tibio-tarsien trop fermé. (Éviter ces conformations.)

CHEVAL TROP OUVERT DU DERRIÈRE. — Jarrets ouverts.

CHEVAL CROCHU, CLOS DE DERRIÈRE. — Jarrets clos, pas assez ouverts.

JARRETS GRAS, EMPATÉS.

Les jarrets peuvent être mauvais sans être atteints de tares proprement dites. Toutefois on rejette souvent sur les jarrets le manque de dressage, d'assouplissement ou d'habitude.

Tares dures

Courbe, éparvin, jarde.

COURBE. — Tumeur osseuse sur la tubérosité interne de l'extrémité inférieure du tibia. Cette tare s'étend quelquefois en arrière, en avant, en bas. — Fait boiter, surtout à son début. — Pour l'examiner, se placer soit en arrière, soit plutôt en avant entre les membres antérieurs. — Tare très rare ; on la traite par le feu.

ÉPARVIN CALLEUX (CAL), OSSEUX, DE BŒUF. — Ne pas confondre cette tare avec l'éparvin sec (voir question 63) qui n'a rien de commun.

L'éparvin est une tumeur dure à la face interne du jarret, à la partie interne et supérieure du canon (soit sur le renflement osseux de la tête du canon, soit sur la tête du péroné interne, soit sur les deux).

Pour voir les éparvins, se placer en arrière ou sur le côté et en avant.

La tare est grave, fait souvent boiter, se traite par le feu. Le cheval boite avant l'apparition de la tare. — Il y a des petits éparvins qui font boiter et des gros qui ne gênent pas le cheval. Tout dépend de la place et de l'ankylose produite ou non (éparvin d'Archiduc). — La tare est congéniale ou acquise ainsi que la courbe, mais plus congéniale que cette dernière.

Cheval qui a de beaux éparvins.

JARDE : Tumeur dure à la partie postérieure, externe et inférieure du jarret.

Tares dures........

JARDES :

JARDON : Petite jarde localisée sur la tête du péroné externe. Presque toujours congéniale. Très fréquent chez les chevaux de pur sang. Aucune gravité. Le danger est qu'il augmente et se transforme en jarde.

JARDE : Jardon développé, *dépasse la face postérieure du canon*. Le cheval tire le jarret, boite assez rarement. On empêche une jarde de grossir en lui mettant le feu. Quand la jarde fait boiter, c'est qu'elle gêne le tendon.

Quand les tares du jarret se rejoignent, le jarret est dit *cerclé*.

Tares molles ..... .

Vessigons, capelets, varices, solandres.

VESSIGONS :

Vessigon. — Tumeur molle qui s'appelle suivant son siège : articulaire, tendineux, de la corde. Elle est due à une accumulation de synovie dans la capsule et les gaines.

Vessigon *articulaire*. — Celui qui est placé au pli du jarret. Le plus grave de tous.

Vessigon *tendineux*. — Dans le creux du jarret. Il est *simple* ou *chevillé*. Très fréquent. Moins grave que le précédent.

Vessigon *de la corde du jarret* ou du tendon d'Achille. — Au-dessus de la pointe du jarret. Rare et grave.

Les vessigons des jeunes chevaux disparaissent quelquefois avec l'âge et le travail. On est quelquefois obligé de traiter cette tare par le feu.

CAPELET. -- Tumeur molle à la pointe du jarret, due soit à un épaississement de la peau (peu grave), soit à l'hydropisie de la gaine synoviale (plus grave).

On peut faire disparaître quelquefois des capelets récents, presque jamais les anciens. Supprimer la cause (frottement).

VARICE. — Dilatation de la saphène. Rare, peu grave. — On la distingue du vessigon articulaire en comprimant la veine. Pas de confusion possible.

SOLANDRES. — Crevasses transversales au pli du jarret ; quelquefois cicatrisation difficile.

Quarante-quatrième Question.

—

Proportions ou harmonie qui doit exister entre les différentes parties du corps du cheval.

Proportions :

Rapports qui doivent exister entre les parties du corps et entre elles et leur tout.

Cette harmonie constitue la *beauté* et généralement la *bonté* du cheval.

Chaque auteur d'hippologie a cru devoir fixer des règles en prenant comme unité une partie du cheval, d'ordinaire la tête. Au lieu d'apprendre ces *chiffres*, il vaut mieux avoir les proportions dans l'œil, ce qui s'obtient par la pratique, en détaillant beaucoup de chevaux.

Proportions :

ENTRE LA TÊTE ET L'ENCOLURE. — Convenant l'une à l'autre ; du reste ces deux parties ne se convenant pas frappent l'œil de suite.

ENTRE ELLES ET LE CORPS. — Comme elles servent de balancier au corps, elles doivent être d'autant plus grosses que le corps est plus gros et inversement.

ENTRE LE CORPS ET LES JAMBES. — Ces dernières doivent être appropriées au poids qu'elles ont à porter (claquettes).

ENTRE L'ARRIÈRE-MAIN ET L'AVANT-MAIN. — Si ces deux parties ne se correspondent pas, l'une ruine l'autre. — Si un cheval est brillant et fort dans l'avant-main, cherchez le point faible derrière et vice versà.

Quelques mots sur les compensations.
Comme curiosité, comme connaissance théorique, il faut savoir quelques mots des proportions fixées par les auteurs.

ABOU-BEKR, auteur arabe du XIVe siècle, donne déjà des proportions dans son livre *le Nacéri*.

Frédéric GRISONE en parle aussi (1565) dans son *Arte di cavalcare*.

BOURGELAT (1712-1779), fondateur des écoles vétérinaires, a donné des proportions détaillées ayant pour base la tête mesurée entre la nuque et l'extrémité de la lèvre supérieure. Cette longueur est divisée en trois primes ; chaque prime en trois secondes ; chaque seconde en vingt-quatre points. Avec ces divisions, il a fixé chacune des *dimensions* du cheval : ainsi deux têtes et demie égalent la hauteur du garrot à terre et la longueur du corps de la pointe du bras à la pointe de la fesse, etc.
Il existe plusieurs autres systèmes de proportions. L'Anglais Saint-Bel a mesuré Éclipse et l'a pris comme type. — Proportions de Vallon, colonel Duhousset, etc. ; théories de M. Richard (du Cantal), opposées à des règles fixes.

Le général Morris (alors capitaine) fit paraître en 1835 son « Essai » sur l'extérieur du cheval ; il y exposait la *théorie de la similitude des angles et du parallélisme des rayons*. Tous les rayons inclinés faisant 45° avec l'horizon et formant avec les autres rayons des angles de 90°. Cette théorie combattue par les hippologues a cependant trouvé des partisans et a dernièrement été reprise et modifiée.

Quarante-cinquième Question.

Aplombs..............

Directions des membres sous le tronc.

Réguliers. — Quand les membres tombent perpendiculairement au sol et se meuvent parallèlement à l'axe du corps. — Les aplombs sont irréguliers dans le cas contraire.

LIGNES D'APLOMB (Bourgelat). — Verticales qui permettent de juger la régularité des aplombs.

La verticale partant :

1°. De la pointe de l'épaule, doit tomber sur le sol à 0ᵐ,10 en avant de la pince.

> **Cheval campé du devant.** — Si la verticale tombe plus près du sabot. Habitude que prennent les chevaux par suite de fatigue, d'usure. L'arrière-main surchargée se tare rapidement : allures d'ordinaire peu rapides.

> **Cheval sous lui du devant.** — Si la verticale tombe plus loin du sabot. — Défaut très commun : usure des membres antérieurs ; le cheval *flageole* au repos, rase le tapis en marchant, butte et forge. (Souvent, ici comme ailleurs, la pratique dément la théorie.)

2°. Du tiers postérieur de la partie supérieure et externe de l'avant-bras, doit partager le genou, le canon et le boulet en deux parties à peu près égales et tomber à quelques travers de doigt en arrière des talons.

> **Genou arqué.** — Celui qui est en avant de cette verticale. Le genou vacille. Signe d'usure. Nuit à la solidité du cheval. (Beaucoup de chevaux très solides, quoique arqués.)

> **Genou brassicourt.** — Même conformation, mais apportée en naissant. Très commun chez les chevaux de pur sang. Le genou brassicourt ne vacille pas. Les chevaux brassicourts sont aussi solides que les autres ; quelquefois ils s'usent plus vite.

> **Genou creux**, effacé, de mouton. — En arrière de la ligne d'aplomb. Défectuosité congéniale qui nuit à la solidité et fatigue les fléchisseurs. Le genou creux est beaucoup plus mauvais que le genou brassicourt.

> **Paturon court et droit jointé.** — Quand la ligne d'aplomb tombe trop près des talons. (Voir question 40).

> **Paturon long et bas jointé.** — Quand la ligne d'aplomb tombe trop loin des talons. (Voir question 40.)

Aplombs des membres antérieurs vus de profil.

Quarante-sixième Question.

1°. La verticale abaissée de la pointe de l'épaule à terre doit partager le membre en deux parties égales dans son axe longitudinal.

> **Cheval serré du devant.** — Celui dont les membres sont en dedans de ces verticales. Cette conformation prédispose le cheval à se couper, nuit à l'ampleur de la poitrine.

Aplombs des membres antérieurs vus de face......

Cheval ouvert du devant. — Celui dont les membres ont la direction inverse de la précédente. Cette disposition nuit à la rapidité des allures. — Le cheval est plus fort, plus solide. (Cheval de trait.)

2°. — La verticale abaissée du milieu de la face antérieure de l'avant-bras doit partager le membre en deux parties à peu près égales.

Cheval panard. — Celui dont le membre et le pied sont tournés en dehors.

Cheval cagneux. — Celui dont le membre et le pied sont tournés en dedans.

Ces deux conformations enlèvent au cheval de la solidité et de la vitesse, l'exposent à se couper.

Genou de bœuf. — Celui qui est en dedans de la verticale décrite ci-dessus, sans que tout le membre ait cette direction. — Cette conformation amène des distensions de ligaments, nuit à la vitesse et à la solidité.

Genou cambré. — Conformation inverse de la précédente. Mêmes inconvénients.

Le tout précédé de l'indication marginale :

Aplombs des membres antérieurs vus de face.....

Quarante-septième Question.

Aplombs des membres postérieurs vus de profil ..

Une verticale abaissée de la pointe de la fesse doit être tangente au bord postérieur du canon et à la face postérieure du boulet.

Si elle tombe plus loin du boulet, le cheval est **sous lui du derrière**. Cette conformation use vite l'arrière-main ; le cheval manque de chasse.

Le cheval campé du derrière présente la disposition inverse : il manque de force dans l'arrière-main ; il craint l'arrêt.

Cheval bas ou droit jointé. (Voir question 40).

Aplombs des membres postérieurs vus de derrière.

Une verticale abaissée de la pointe de la fesse à terre doit tomber sur la pointe du jarret, un peu plus en dehors qu'en dedans et partager le pied en deux parties, l'externe un peu plus forte que l'interne.

Cheval serré du derrière. — Si les membres sont en dehors de la verticale définie ci-dessus. Peu d'allures, peu de chasse.

Jarrets clos ou crochus. — Lorsqu'ils ont leur pointe en dedans ; avec cette conformation, le cheval est souvent panard.

Cheval ouvert du derrière. — Quand les membres sont en dehors de la verticale. Grande force d'impulsion. Beaucoup de trotteurs ont cette conformation. Fatigue de l'arrière-main. Quand les jarrets seuls sont ouverts, le cheval est souvent cagneux et se coupe. Les jarrets sont vacillants.

Quarante-huitième Question.

—

Du pied. — Partie inférieure de chaque membre, revêtue par le sabot. Il comprend des *parties contenues* et des *parties contenantes*.

Parties contenues... ......

Deux os, deux cartilages, deux tendons, un coussinet de chair.

Os :
- Os du pied : donne la forme au sabot.
- Os naviculaire : petit os en forme de navette en arrière et en dessous de l'os du pied.

CARTILAGES : Lames élastiques placées en arrière, à droite et à gauche de l'os du pied.

TENDONS :
- Un extenseur vient s'attacher en avant et en haut de l'os du pied.
- Un fléchisseur vient s'attacher en arrière et en dessous.

COUSSINET DE CHAIR ou COUSSINET PLANTAIRE, élastique et résistant, situé sous le pied, au-dessous du tendon fléchisseur et entre les cartilages. Pointu en avant, bifurqué en arrière.

Parties contenantes... ...

Deux enveloppes, l'une de *chair*, l'autre de *corne* (sabot).

ENVELOPPE DE CHAIR ou chair du pied :

N'est que la continuation de la peau. Cette chair est très sensible (piqûres, foulures, etc). — Cette enveloppe se divise en :

- BOURRELET. — Renflement à la partie supérieure du pied, logé dans une gouttière du sabot auquel il est solidement uni par des *villosités*. Le bourrelet est la matrice de la paroi du sabot. — Au-dessus du bourrelet est le *bourrelet périoplique*, petit cordon de chair qui secrète le périople.

- CHAIR CANNELÉE ou CHAIR FEUILLETÉE. — Recouvre tout le pourtour du pied. Feuillets parallèles qui secrètent les feuillets de corne dans lesquels ils s'engagent.

- CHAIR VELOUTÉE. — Au-dessous du pied; secrète la sole et la fourchette; a l'aspect velouté.

ENVELOPPE DE CORNE :

Sabot qui se divise en :

- PAROI OU MURAILLE. — Extérieur du pied posé à terre. On y trouve le *bord supérieur* (gouttière du bourrelet), le *bord inférieur* en rapport avec la terre et le pourtour de la sole, la *face intérieure* (feuillets) et la *face extérieure* recouverte par le périople. Ce dernier, secrété par le bourrelet périoplique est une bande de corne molle qui répand un vernis sur toute la paroi. — La paroi se divise en *pince*, *mamelles*, *quartiers*, *talons*, *arc-boutants* ou *barres*.

- SOLE. — Forme le dessous du pied avec la fourchette et les barres. La sole est un large croissant de corne en rapport d'un côté avec la chair veloutée, de l'autre avec le sol.

Parties contenantes........ { Sabot qui se divise en : { FOURCHETTE. — Corne qui recouvre le coussinet plantaire sur lequel elle se moule. Elle est soudée avec les barres, le périople et le coussinet plantaire. — On y distingue la pointe, le corps, les branches ; trois lacunes (une médiane, deux latérales).

De la corne. — Matière élastique, résistante, noire ou blanche, souple, molle en dedans et d'autant plus molle qu'on approche de la chair (rosée).

Renouvellement. — Le sabot pousse et use sans relâche, à l'état nature. Ferré il n'use pas. Il faut le raccourcir pour conserver les aplombs. — La corne se renouvelle par en haut (bourrelet). — Le sabot met neuf mois pour être renouvelé complètement.

La corne est élastique ; mais l'élasticité du sabot est surtout donnée par un léger mouvement d'écartement et de rapprochement des talons.

Quarante-neuvième Question.

—

Beautés du pied. ... { Le type de beauté est le pied *vierge*. Il est grand, fort, aussi large que long, d'aplomb.

Vu de face, il est moins large en haut qu'en bas ; plus évasé en dehors qu'en dedans ; également haut des deux côtés.

Vu de profil, la ligne de pince est moyennement inclinée ; la hauteur des talons est égale à la moitié au moins de la hauteur de la pince ; bourrelet régulièrement incliné.

Par derrière, les talons doivent être écartés, égaux, tombant presque verticalement sur le sol, surtout le talon du dedans.

En dessous, la sole doit être creuse et épaisse, la fourchette forte, saine, dure.

La corne doit être noire ou gris foncé : la paroi lisse et luisante.

Pieds antérieurs. — Larges, arrondis, évasés, à sole plus plate, à talons plus inclinés et plus rapprochés. — Pour distinguer le PIED DROIT du PIED GAUCHE, remarquer que le dehors du sabot est toujours plus oblique et plus évasé que le dedans.

Pieds postérieurs. — Plus ovales, moins inclinés, sole plus creuse, talons plus écartés. Même distinction entre les deux pieds que pour les pieds antérieurs.

Défectuosités . .... { 1°. — PAR DÉFAUTS DE PROPORTION : { Pied trop grand : cheval maladroit, se coupe. Pied trop petit : délicat, sensible. Pieds inégaux : le cheval souffre du pied le plus petit.

2°. — PAR DÉFAUTS DE CONFORMATION : { Pied plat : sujet aux bleimes et aux foulures de sole. Pied comble : talons très bas, sole bombée et mince. Vient d'ordinaire à la suite de fourbure. — Pied très sensible.

Défectuosités ......

2°. — PAR DÉFAUTS DE CONFORMATION :

Pied long en pince : tend à devenir dérobé. (Voir plus bas.) Souvent faute du maréchal.

Pied encastelé : resserrement des quartiers et des talons ; sensible et douloureux souvent. — Le cheval au départ marche sur des épines.

Pied à un quartier resserré : paroi mince. Pied sujet aux seimes et aux bleimes.

Pied à talons chevauchés : quand les talons ne sont pas sur la même ligne. Ce pied n'est pas d'aplomb.

Pied ordinaire à talons serrés : sensible, sujet aux bleimes.

Pied plat à talons serrés : sole plate, branches de la fourchette amaigries, bleimes.

Pied à talons serrés par en bas : les talons ployés en dedans écrasent les branches de la fourchette.

Pied à talons serrés par en haut : les talons évasés en bas sont serrés au bourrelet.

3°. — PAR DÉFAUTS D'APLOMBS :

Pied de travers : un côté du sabot est surchargé. — Ce défaut vient de ce que le maréchal pare de travers (plus souvent le membre antérieur gauche).

Pied panard : pince tournée en dehors.

Pied cagneux : pince tournée en dedans.

Pied pincard : marche uniquement sur la pince (pieds de derrière).

Pied rampin : talons aussi hauts que la pince.

Pied à talons bas : bleimeux.

Pied à talons hauts : sole creuse, fourchette remontée.

Pied à talons fuyants : talons hauts et couchés ; le cheval se fatigue.

4°. — PAR DÉFAUTS DE LA QUALITÉ DE CORNE :

Pied gras : paroi et sole minces et molles.

Pied maigre : corne mince, sèche, cassante.

Pied cerclé : saillies circulaires et étagées à la surface de la paroi. Corne sèche et cassante.

Pied à paroi séparée de la sole : on remarque une tranchée plus ou moins profonde entre la paroi et la sole. Le pied est court, sensible, peu solide et pousse lentement ; la sole mince et sèche est souvent infiltrée de sang.

Pied à talons faibles : manque de force de la corne des talons.

Pied dérobé : bord inférieur de la paroi éclaté par places. Souvent par suite de mauvaise ferrure.

Pour les maladies du pied, voir question 56.

Cinquantième Question.

De la ferrure. — Opération qui consiste à rogner avec méthode l'ongle du cheval pour y ajuster, à l'aide de clous, un fer en forme de croissant.

Son origine. — L'usure du sabot sur le terrain dur.

Le premier fer a été trouvé dans le tombeau de Chilpéric I, mort en 489. — Chez les anciens, pas de fer (Homère, Xénophon, Virgile, Horace, Suétone, etc.). Aussi attachait-on une grande importance à la dureté de la corne. On adaptait quelquefois une chaussure attachée au paturon, lanières, tiges végétales (Bracy-Clark). La ferrure fut introduite en Angleterre par Guillaume le Conquérant ; en Italie, au XIᵉ siècle. Il y a encore des pays (Barbarie, Kalmouks, Cosaques) où on ne ferre pas les chevaux.

Du fer..............

Lame métallique destinée à protéger le pied du cheval.

Sa division. — Pinces, mamelles, branches, éponge.

Épaisseur. — Comprise entre les deux faces (supérieure et inférieure).

Voûte. — Portion du fer qui décrit une courbe correspondant à celle de la pince du sabot.

Couverture. — Largeur du fer comprise entre les deux *rives* (interne et externe) ; le fer est *dégagé* ou *couvert*.

Garniture. — Partie du fer débordant la paroi et élargissant la surface d'appui.

Ajusture. — Incurvation régulière et calculée de la face supérieure du fer. Elle est *bonne*, *mauvaise*, *entolée*, *en bateau*, *de mulet*, *à éponges renversées*.

Tournure. — Courbure que l'on donne au fer pour lui faire prendre la forme du pied.

Étampure. — Trou carré creusé à la partie inférieure du fer et destiné à loger les clous.
Le fer est étampé *à gras* ou *à maigre*.

Contre-perçure. — Petite ouverture pratiquée au fond des étampures et livrant passage à la lame des clous.

Pinçon. — Petite languette de fer levée en pince et quelquefois en mamelle. *Un pinçon vaut deux clous.*

Crampons. — Replis du fer levés en éponge.

Mouche. — Petit crampon de forme carrée, levé à l'éponge du dedans.

Cinquante et unième Question.

—

Du fer français. — Le fer français est le fer le plus ordinairement employé.

Fer de devant. — Arrondi : les branches sont égales ; mais l'interne est plus droite ; les étampures sont également espacées les unes des autres et loin des éponges ; celles de la branche interne sont plus rapprochées de la rive externe que celles de la branche externe.

Fer de derrière. — Forme ovale, pas d'étampure en pince : les deux dernières sont bien plus rapprochées des talons que celles du fer de devant ; la branche interne est plus étroite et plus mince que la branche externe. On lève souvent, au fer de derrière, des crampons.

Caractères d'un bon fer. — Doit être confectionné suivant la conformation du pied, les aplombs du cheval et le genre de travail auquel on le destine. Les éponges doivent porter à plat sur les talons. Les étampures doivent être régulièrement distribuées et éloignées des éponges, la branche externe doit avoir un peu de garniture. — (Pour plus de détails, voir question 54.)

Fers exceptionnellement employés ....

Leur usage. (Voir pour cette dernière question la question 56.)
Fer demi-couvert : plus couvert, moins épais.
Fer couvert : encore plus couvert et moins épais.
Fer à pince couverte : plus de couverture en pince.
Fer pinçard : pince très couverte et épaisse ; pinçon large et haut ; étampures en branche ; crampons élevés.
Fer à une branche couverte.
Fer à une éponge couverte, à deux éponges couvertes.
Fer à pince tronquée.
Fer tronqué à la branche du dedans : la partie tronquée en ligne droite est arrondie, privée d'étampures. Quand la branche interne est fortement tronquée, elle est privée d'étampures.
Fer à une éponge tronquée.
Fer à croissant : demi-fer peu épais, à quatre ou cinq étampures.
Fer à pantoufle modifié : les éponges sont couvertes et repliées en dessous de façon à écarter les talons.
Fer à caractère : légèrement couvert, peu épais ; deux ou trois pinçons et des étampures distribuées irrégulièrement.
Fer à plaque : avec une plaque couvrant le pied.
Fer à glace : fer ordinaire à crampons auquel on met des clous à glace.
Fer à planche : plus couvert et plus mince. Les éponges sont réunies par une traverse plus large que les branches.
Fer à planche à crampon longitudinal : la planche est repliée à son bord postérieur.
Fer Charlier. (Voir question 55.)

Cinquante-deuxième Question.

—

Instruments de la ferrure française.

En outre de la *forge et de son matériel fixe* on emploie comme instruments de la ferrure française les instruments suivants :

BROCHOIR : marteau.

BOUTOIR : instrument tranchant servant à parer le pied.

ROGNE-PIED : fragment de lame de sabre qui sert à dériver les clous et à rogner l'excédant de la corne.

TRICOISES : tenailles servant à soulever le fer, arracher les souches, couper et river les clous.

RAPE : lime à gros grains pour arrondir le bord inférieur du sabot.

Instruments de la ferrure française (suite) .. ..
- Repoussoir : poinçon.
- Tablier de forge.
- Boîte a ferrer.
- Sacoches.

Matières premières.

Fer. — Le bon fer ou fer doux présente dans sa cassure des lames aplaties, fibreuses, mêlées de petits grains de couleur bleuâtre. Il plie et ne casse pas.

On emploie :
- Le *lopin simple* (fer neuf).
- Le *lopin bourru* (déferres et ferrailles).
- Le *lopin à quartiers branlants* (plusieurs quartiers réunis par un fil de fer).
- Le *lopin à coquille* (plusieurs morceaux de fer entre les branches d'une large coquille).

Charbon. — Houille ou charbon de terre.

Clous :
- Servent à fixer le fer sous le pied du cheval.
- **Clou ordinaire.**

  On y distingue :
  - La *tête*, formée de deux pyramides quadrangulaires tronquées.
  - Le *collet*.
  - La *tige*, longue de 4 à 5 centimètres et où l'on remarque le *droit et l'inverse.*

  Les clous sont désignés par des numéros qui indiquent leur nombre à la livre.
- **Clou à glace.** — Tête carrée ou tranchante. Il y a un grand nombre de clous à glace ; aujourd'hui on se sert du clou *Lepinte.*
- **Clou vissé.** — On taraude une étampure dans laquelle on visse un clou à glace.

De l'affilure. — Opération qui consiste à roidir la tige et à donner à la pointe une direction inclinée sur une de ses faces.

Signes auxquels on reconnaît qu'un cheval a besoin d'être ferré. — Quand ses pieds sont devenus trop longs et ne font plus régulièrement leur appui, ou bien quand les fers sont usés ou ne tiennent plus. D'ordinaire un cheval a besoin d'être ferré tous les trente à quarante jours, même sans tenir compte de l'usure du fer.

— — —

Cinquante-troisième Question.

—

Ferrure à chaud. — La plus employée. Pour ses avantages et ses inconvénients, voir quest. 54.

Série des opérations. . ... — Le maréchal commence par examiner l'état de ferrure du cheval. Il remarque avec soin comment l'usure s'est produite.

Série des opérations (suite).

FORGER LE FER. — Le lopin chauffé est placé sur l'enclume. Le maréchal frappe sur champ avec le *ferretier*; l'aide frappe sur plat. Cela s'appelle *dégorger* ou *contre-forger*.

On donne la *tournure* en *bigornant*. La première branche du fer étant ainsi faite, on l'étampe. L'autre bout du lopin, chauffé à son tour, forme la deuxième branche.

Monter à cheval, bigorner, étamper, contre-percer, refouler les éponges.

On se sert beaucoup maintenant de fers fabriqués à la mécanique.

LEVER LE PIED DU CHEVAL. — Précautions à prendre avec les chevaux difficiles. Usage du tord-nez.

DÉFERRER LE PIED DU CHEVAL. — Avoir soin d'enlever les clous avant de retirer le fer.

Dériver les clous, les enlever avec les tricoises (en soulevant le fer et le frappant avec le brochoir), extraire les *souches*.

PARER LE PIED. — Opération par laquelle le maréchal raccourcit l'ongle avec le rogne-pied et le brochoir.

Signes auxquels on reconnaît qu'un pied est bien paré. — Quand le pied antérieur porte sur un plan par tous les points de la paroi, excepté la pince, et le pied postérieur par tous les points; quand, de plus, la longueur est bonne, qu'on a enlevé les parties de corne écailleuses, que les arc-boutants, le talon et la fourchette sont restés intacts.

FAIRE PORTER LE FER. — Appliquer le fer chauffé au rouge-cerise un instant sur le pied. On corrige ensuite le fer après avoir étudié la façon dont il porte.

BLANCHIR LE PIED. — Enlever les parties carbonisées.

DÉBOUCHER LE FER ou contre-percer, après avoir refroidi le fer dans l'eau.

DONNER LE FIL D'ARGENT. — Donner un coup de lime au pinçon, au bord supérieur de la rive externe de la branche du dehors, au bord inférieur de la rive externe de la branche du dedans.

ATTACHER LE FER. — Présenter le fer sur le pied, juger la tournure, arrondir à la râpe le bord inférieur de la paroi; affiler les clous.

Attacher le fer, c'est brocher et river les clous.

BROCHER LES CLOUS. — Enfoncer les clous et les faire sortir à une suffisante et égale hauteur à la surface de la paroi, les replier immédiatement, brocher les deux clous de pince en commençant par celui du dehors; brocher les clous du talon en commençant par le talon du dedans; voir si le cheval est *piqué* quand il *compte*; brocher le reste des clous.

SERRER LES CLOUS. — En appuyant le mors des tricoises sous le fer.

COURER LES CLOUS. — Avec les tricoises, près de la paroi.

RIVER LES CLOUS. — Dégager le rivet avec le rogne-pied, couper la partie qui dépasse; river et enfoncer le rivet dans la paroi.

RABATTRE LE PINÇON, le pied ferré étant posé à terre.

DONNER UN COUP DE RAPE, puis faire trotter.

Pied broché trop à gras. — Quand les clous sont implantés trop près des parties vives ou brochés trop haut.

Pied broché trop à maigre. — Quand les clous ne prennent qu'une petite quantité de corne.

Pied broché en musique. — Quand les clous sont rivés à différentes hauteurs.

Cinquante-quatrième Question.

—

Signes auxquels on reconnaît une bonne ferrure.....

Au poser : Les côtés du sabot sont égaux ; le pinçon est au milieu du fer pour le pied de devant, un peu en dedans pour le pied de derrière ; l'épaisseur du fer de devant est partout la même ; le fer de derrière est un peu plus épais en pince et porte parfois des crampons ; les rivets sont à égale hauteur et incrustés dans la paroi.

Vue de profil, la pince est courte, droite du bourrelet aux rivets, arrondie à partir des rivets.

Les talons ont la moitié au moins de la hauteur de la pince. La garniture commence à la mamelle du dehors et augmente progressivement jusqu'à l'éponge. Enfin, fil d'argent du pinçon à l'éponge.

Au lever : Un aide lève successivement chaque pied et examine alors chacun des points de la ferrure : couverture, ajusture, tête des clous, rivets, aplombs, etc.

Avantages et inconvénients de la ferrure à chaud. — Très employée aujourd'hui, cette ferrure ne date que du siècle dernier. Elle permet le *contact assuré* du fer avec le pied. Elle est plus rapide que la ferrure à froid, plus facile à exécuter. Elle a l'inconvénient de brûler quelquefois la sole, d'exiger une forge.

Accidents pouvant arriver pendant l'opération. — Le cheval peut être brûlé (assez rare) ou piqué par un clou (très fréquent). La piqûre peut se manifester de suite (le cheval compte et boite) ou seulement quelques jours après. Il faut déferrer de suite le cheval, faire un pansement et, après guérison, avoir soin de changer la place du clou.

Cinquante-cinquième Question.

—

De la ferrure à froid. — Consiste à appliquer le fer sans le chauffer. Est employée en manœuvres, en marche, en campagne. Il faut essayer de trouver un fer convenant au pied et non pas travailler le pied pour le faire convenir au fer. Pour cela, quand on a le temps, brins de paille en croix ou feuille de papier. Cette ferrure demande plus d'habileté, plus de temps, plus de soin que la ferrure à chaud. Elle est moins solide.

Le maréchal anglais tient le pied et ferre sans le secours d'un aide.

De la ferrure anglaise............

FERS :

DE DEVANT. — L'ajusture est prise aux dépens de l'épaisseur du fer. La face inférieure est plane et creusée près de la rive externe d'une *rainure* pratiquée à l'aide d'une *tranche* et creusée plus à maigre à la branche du dedans qu'à la pince et à la branche du dehors. Dans la rainure sont les étampures. Le fer est également couvert et épais, excepté en éponges qui sont plus étroites et plus épaisses.

DE DERRIÈRE. — Ce fer couvert et épais en pince est très dégagé et plus mince en branches.
La branche du dehors, plus couverte et plus longue que celle du dedans, porte un crampon.
La branche du dedans est très étroite, surtout en arrière, où elle se termine par un épaississement très fort de l'éponge.
Le fer est rainé seulement en mamelles et en branches. Pinçon à chaque mamelle.

INSTRUMENTS : Brochoir, petit rogne-pied, râpe et couteau anglais (Drawing-knife.)

CLOU ANGLAIS. — La tête a la forme d'une pyramide quadrangulaire aplatie d'un côté à l'autre, plane supérieurement. Elle dépasse à peine la rainure.

De la ferrure Charlier. — DEMI FERRURE DE DEVANT..........

PRINCIPE : Faire participer la sole et la fourchette à l'appui, comme à l'état de nature, et laisser au pied ferré toute son élasticité.

FER : Présente la tournure exacte du pied, plus épais que large, un peu moins couvert à la branche du dedans. Sa face supérieure est un peu plus étroite que sa face inférieure. Six, sept ou huit étampures de forme ovale, contrepercées obliquement et à gras.

CLOU : La tête est tronquée, de forme ovale et beaucoup moins forte que celle du clou français.

BOUTOIR : Plus étroit et portant en dessous de la lame un guide régulateur. (Sert à faire la rainure qui ne doit pas dépasser la moitié environ de la sole.

OPÉRATIONS. — Après avoir paré le pied, le maréchal donne la tournure au fer, l'essaye à chaud, le fait porter, l'attache, râpe. Le fer Charlier ne comporte pas d'ajusture et n'est susceptible que d'une très faible garniture en talons.

Avantages et inconvènients. — Bonne demi-ferrure de devant pour les pieds combles, plats à talons serrés, à talons serrés par en bas. Ne convient pas à tous les pieds ; nécessite un maréchal habile et des instruments spéciaux.

Fers employés suivant les armes — Fixés par des *calibres* ou mesures en fer déposés dans les corps. Autrefois on fixait le *poids* des fers.

Fers de courses. — Ce sont des fers anglais très légers. Souvent simples lames de fer ou même aucune ferrure. (Chevaux qui se coupent.)

Cinquante-sixième Question.

—

Seime : Fente de la paroi. On distingue *seime en pince* et *seime quarte.*
Maladie fréquente chez les chevaux à corne sèche ou habitués à des terrains doux, exemple des chevaux anglais. — Il faut, pour prévenir les
seimes, *entretenir les pieds.* — Comme traitement, amincir la paroi.

Ferrure : { Fer à deux pinçons en mamelle pour la seime en pince.
{ Fer à planche pour la seime quarte.

Bleime : Meurtrissure de la sole du talon.

Elle est dite { *Sèche* (moins grave).
{ *Humide* (fait boiter).
{ *Suppurée* (quand il y a du pus.)

Ferrure : Si le cheval ne boite pas, ne pas dégager la bleime; si le cheval
boite, guérir la boiterie, puis appliquer un fer à planche léger et *goudronner la corne amincie.* Quand la bleime est suppurée, abattre à plat
et de court le talon bleimeux, amincir tout autour des parties décol-
lées, appliquer un fer léger à quatre clous, pansement à la teinture
d'aloès ou à la liqueur de Villate, puis plus tard étoupe et goudron, fer
à planche.

Sole foulée ou battue. — Maladie dans le genre de la bleime.

Étonnement du sabot. — Contusion de la chair feuilletée produite par des
coups violents sur la paroi. Le cheval boite. Peu grave si ce n'est pas
suivi de suppuration et de fourmilière.
Ferrure : fer léger, étoupe goudronnée.

Fourbure. — Inflammation de la chair feuilletée de la pince et des mamelles (presque toujours aux pieds antérieurs).
Causes : nourriture trop forte, repos trop long, marches forcées.
Fourbure aiguë : fièvre très forte, sabots chauds, membres raides,
marche extrêmement pénible. Peut entraîner le décollement, la chute
des sabots ou passer à l'état chronique. — Traitement : laisser le cheval
ferré en enlevant la moitié des clous ; faire marcher le cheval, le mettre
longtemps à l'eau ; saignée au cou et aux ars; régime rafraîchissant.
Fourbure chronique. — La fourbure aiguë passée à l'état chronique entraîne des déformations du pied.
Ferrure : Râper la paroi de pince (épaissie), abattre à plat les talons, fer
couvert et léger, clous brochés sur les côtés du pied, goudronner la
sole, plaque de fer ou fer à pince couverte.

Fourmilière. — Cavité noire dans le sabot contenant du sang ou du pus
desséché.
Pour la fourmilière de sole : amincir la corne. Fer à plaque.
La fourmilière de paroi se guérit rarement.

Oignon. — Gonflement de l'os du pied qui vient comprimer et amincir la
sole du quartier.

Ferrure : fer couvert, forte ajusture en face de l'oignon.

Ferrure des pieds malades. — Maladies du pied ......

Ferrure des pieds malades. — MALADIES DU PIED. (*Suite*).

FAUX QUARTIER. — Absence de paroi en quartier par suite d'opération ou d'accident.
Ferrure : fer à étampures irrégulières et clous à lame mince.

AVALURE. — Dépression accidentelle dans une partie de la paroi.
Ferrure : fer léger.

FOURCHETTE ÉCHAUFFÉE OU POURRIE. — Suivant qu'elle est décollée d'avec la chair sur une petite ou une grande étendue.
Ferrure et traitement : laver, enlever la corne décollée, goudronner la fourchette ; plaque ou éclisses sous le pied.

CRAPAUD. — Maladie très grave qui apparaît sur la fourchette et s'étend sous la sole et les talons en décollant la corne. — Suppuration — Le pied a besoin d'être guéri avant d'être ferré.

CLOU DE RUE. — Blessures du dessous du pied produites par des corps pointus.
Traitement : retirer le corps, déferrer, amincir autour de la blessure ; bains de pied.
Ferrure : referrer à plaque avec de l'étoupe et du goudron.

ATTEINTE ENCORNÉE. — Atteinte qui touche à la corne.
Couper les poils, laver, enlever la corne décollée, goudronner.

JAVART ENCORNÉ. — Furoncle du bourrelet qui amène le décollement de la paroi et la suppuration dans le sabot.
Bourbillon. — Morceau de chair mortifiée qui doit être expulsé.
Traitement : couper les poils, amincir la paroi, enlever la corne décollée, bains, cataplasmes, goudron.

JAVART CARTILAGINEUX. — Carie du cartilage de l'os du pied et fistules à la couronne. Cette maladie demande l'*opération du javart*.

Ferrure des chevaux ayant des défauts d'aplomb..

CHEVAL SOUS LUI DU DEVANT. — Parer la pince, ménager les talons, ajusture plus accusée en pince, éponges de longueur ordinaire.

CAMPÉ DU DEVANT. — Comme cet état dépend presque toujours de pieds malades, ferrer suivant l'état de ces derniers.

BRASSICOURT. — Fer ordinaire.

ARQUÉ. — Parer la pince, conserver les talons, fer ordinaire.

GENOU CREUX. — Parer la pince, ménager les talons, fer demi-couvert, bonne ajusture en pince.

BAS JOINTÉ. — Ferrer un peu long en conservant les talons.

DROIT JOINTÉ. — Fer ordinaire.

BOULETÉ. — Fer ordinaire en conservant les talons.

TROP SERRÉ DU DEVANT. — Ferrer très juste en mamelle et quartier en dedans.

PANARD. — Ne pas chercher à redresser le membre ni le pied.

CAGNEUX. — Même observation.

SOUS LUI DU DERRIÈRE. — Fer à crampons.

CAMPÉ DU DERRIÈRE. — Crampons et fer ordinaire.

Pour les autres vices d'aplomb des membres postérieurs, mêmes observations que pour les membres antérieurs.

Ferrure des défectuosités d'allure ..

CHEVAL QUI SE CROISE. — Fer juste en dedans, pas de crampons derrière.

CHEVAL QUI SE TOUCHE, SE COUPE, etc. — Chercher avec du cirage ou du blanc d'Espagne la région du fer ou du sabot qui touche le membre à l'appui ; diminuer cette région autant que possible.

CHEVAL QUI FORGE. — Derrière, fer à pince tronquée ; devant, parer la pince et ménager les talons.

CHEVAL QUI SE DÉFERRE. — Ne pas lui diminuer le pied.

CHEVAL QUI BUTTE. — Parer la pince, ménager les talons, fer demi-couvert à forte ajusture. Clous à petite tête.

TROISIÈME PARTIE

MOUVEMENTS

Cinquante-septième Question.

Des attitudes.. ...

Positions diverses du cheval au repos soit debout, soit couché.

Attitude du cheval debout, immobile.

Elle est LIBRE quand le cheval est abandonné à lui-même. Souvent un membre postérieur ne s'appuie pas et reste à demi fléchi.

Elle est FORCÉE quand les quatre extrémités posent à terre en formant un rectangle.

Station :

La station forcée comprend :

Le RASSEMBLER : Quand les quatre membres sont ramenés vers le centre de la base de sustentation.

Le PLACER : Quand le cheval pose d'aplomb sur ses membres, la tête et l'encolure soutenue.

Le CAMPER : Les quatre membres sont écartés du centre de gravité et en dehors de la ligne d'aplombs. Usage du cheval campé pour les carrossiers.

Discussion des avantages et inconvénients de cette attitude au point de vue de la *montre*.

Décubitus. — Attitude du cheval qui se repose et dont le corps est directement sur le sol. Les chevaux se couchent peu. On distingue le décubitus *sterno-costal*, le décubitus *latéral*, le décubitus *dorsal*. — Le cheval qui se couche en vache est sujet aux *éponges*. — (Voir question 37.)

Cinquante-huitième Question.

Du cabrer. — Position du cheval lorsqu'il s'élève du devant et se maintient debout sur ses membres postérieurs. Se fait en deux temps.

Le cabrer est une défense.

D'ordinaire le cheval *joue des épinettes*, ses jarrets sont raides, il peut se renverser. Ces points distinguent le cabrer de la *courbette* et de la *pesade*.

De la ruade. — Action opposée à celle du cabrer. Le cheval enlève son train de derrière. Comme pour le cabrer, deux temps : préparation et action.

Position de la tête et de l'encolure. — Pour ruer, le cheval décharge l'arrière-main en baissant la tête; donc relever la tête pour l'empêcher de ruer. Pour le cabrer, le cheval lève la tête; donc pour l'éviter, baisser la tête : d'où usage de la martingale.

Du saut........ .. ...
{
Action par laquelle le cheval s'enlève de terre.

Du saut d'obstacles. — Le cheval franchit des obstacles assez élevés. On a vu sauter 2 mètres en hauteur et 7 mètres en largeur Dans la pratique ordinaire, une barrière de 1 m. 20 et une rivière de 4 mètres sont des obstacles très sérieux.

Les Anglais distinguent : saut *de pied ferme*, saut *de volée*, saut *dessus et au delà*, saut *dedans et dehors*, saut *rampant*, saut *de haut en bas*. — (La question des obstacles sera traitée au cours d'équitation.)

Rôle de la tête et de l'encolure : Servent de balancier. Un cheval ne sait sauter que quand il sait utiliser le poids de sa tête.

Sauts de mouton. — Bonds. — Sauteurs en liberté et aux piliers.
}

Du reculer. — Action par laquelle le cheval se porte en arrière. Il fait ce mouvement lentement et péniblement, à moins d'être très assoupli (trot et galop en arrière). Les pistes des membres antérieurs ne recouvrent jamais celles des membres postérieurs.

Ce mouvement est encore plus pénible pour le cheval qui *souffre du rein* ou dont les *membres sont tarés*, surtout les *membres postérieurs*. — Un certain nombre se défendent au lieu de reculer.

Immobilité. — Vice rédhibitoire, incurable, caractérisé par l'inaptitude du cheval à l'exécution des mouvements volontaires, surtout du reculer. Si on croise les jambes, elles restent dans cette position.

Cinquante-neuvième Question.

Des allures. .....
{
Modes divers de la progression chez le cheval.

Elles se divisent en NATURELLES, IRRÉGULIÈRES, ACQUISES.

Elles sont dites : sautées, marchées, diagonales, latérales, belles, défectueuses, grandes, allongées, petites, raccourcies, hautes, enlevées, basses, relevées, répétées, dures, douces, légères, lourdes, trides, élégantes, faciles, régulières, réglées.

L'étude des allures est très complexe. On les a reproduites sur le sable (empreintes), par la photographie, par des appareils enregistreurs, etc. — Travaux du capitaine Raab, de M. Muybridge, de M. Marey, du colonel Duhoussel, de MM. Vincent et Coiffon, de M. Lecoq, de M. Lenoble du Teil, etc. Nous laisserons de côté ces études théoriques et scientifiques.

Les allures naturelles sont : *pas, trot, galop*.

L'*amble* peut aussi être regardé comme allure naturelle.
}

Du pas .... {
Allure lente, marchée, dans laquelle les **quatre** membres associés par paires diagonales se lèvent et se posent isolément en faisant entendre quatre battues à peu près également espacées. Exemple : antérieur droit, postérieur gauche, antérieur gauche, postérieur droit. (Le cheval est supposé partir du pied droit.)

Sa vitesse. — Peut arriver à 8 kilomètres à l'heure. — (Règlement : 100, 110 et 120 mètres à la minute.)

Entraînement au pas. — Enseignement précieux à donner à tout cheval : faire marcher en poussant dans les jambes et l'assiette et laissant une certaine liberté à la tête et l'encolure.

Longs temps de pas. — Les chevaux de courses marchent tous bien au pas, parce qu'ils sont promenés très longtemps à cette allure.

Soixantième Question.

—

Du trot .... {
Allure naturelle en deux temps dans laquelle les membres se lèvent et se posent simultanément par bipèdes diagonaux (**mécanisme de trot**).

Cheval qui trotte du genou : celui qui relève sans avancer. (Chevaux allemands et hollandais.)

Vitesse normale du trot. — A peu près 240 mètres par minute (ordonnance). — Cette limite a été fixée pour des routes longues et des chevaux chargés. Elle donne les 4 kilomètres en un peu moins de 17 minutes. Un bon cheval de service doit faire ses 4 kilomètres en 10 à 11 minutes. Pour songer à gagner des courses, il faut un cheval faisant 4 kilomètres en moins de 8 minutes.

Vitesse des courses. — La France est maintenant au moins l'égale de la Russie et de l'Amérique grâce à la Société du Demi-Sang. (Voir la *France chevaline* et la *Statistique des courses au trot.*)
Les meilleurs records de 1887 sont :
Joliette, le kilomètre en 1 minute 34 secondes ; Kozyr (cheval russe), en 1 minute 36 ; Gazelle, en 1 minute 37, et les 4 kilomètres en 6 minutes 28 (Cherbourg).
En Amérique, les trotteurs ont sensiblement la même vitesse ; les *ambleurs* sont un peu plus vites.
Au trot de course, les chevaux sont souvents désunis, traquenardent. Beaucoup maintenant trottent très régulièrement.
Principaux étalons pères de trotteurs (souvent avec des juments de pur sang) : Phaéton, Tigris, Uriel, Serviteur, Hippomène, Ulrich, Normand.

Soixante et unième Question.

—

Du galop ... .

> **Son mécanisme.** — Allure sautée, rapide, en trois temps, dans laquelle les battues simultanées d'un bipède diagonal s'opèrent entre les battues successives du bipède diagonal opposé, lequel entame le pas par le membre postérieur correspondant. On comprend qu'un cheval galope à droite, à gauche, justé, désuni. — Changements de pied.
>
> **Vitesse.** — Peut être :
> - Négative (galop en arrière).
> - Nulle (galop sur place).
> - Très ralenti (galop de manège).
> - Ordinaire (galop franc ; ordonnance : 340 mètres à la min.).
> - Très vite (galop de course).
>
> Un cheval qui fait ses 4 kilomètres en 5 minutes est un honnête cheval de course. — (En 1854, à Ascot, West-Australian et Kingston, 4 minutes 25 secondes.) — En 1887, le Grand Prix (3,000 mètres — Ténébreuse) a été couru en 3 minutes 34. — Le Prix Gladiateur (6,200 mètres — Upas) en 7 minutes 46.
>
> Il faut retenir qu'un cheval de course fait le kilomètre en une minute et quelques secondes. — Les foulées dépassent 7 mètres (6 bases).
>
> **Conformation du cheval de course.** — La théorie veut le cheval fait en lévrier. Dans la pratique, on recherche plutôt un grand cheval (de pur sang) bien fait, fort. On ne peut savoir que par les essais si un cheval est vite ou non (exemple de Plaisanterie).
>
> **Galop désuni.** — Quand les deux membres d'un même bipède diagonal ne sont pas d'accord, les membres fournissant les appuis se succèdent alternativement par bipèdes latéraux.

Soixante-deuxième Question.

—

Des allures irrégu-lières. ....

> Celles que prend le cheval, soit par fatigue, soit par usure, soit par dressage ou hérédité (amble, pas relevé).
>
> **Du galop à quatre temps.** — Celui qui fait entendre quatre battues inégalement espacées. Le cheval prend ce galop par usure ou quelquefois par dressage quand il est très ralenti.
>
> **De l'amble.** — Allure *naturelle* ou *acquise* dans laquelle les deux membres de chaque *bipède latéral* se lèvent et viennent à l'appui simultanément. Les chevaux *ambleurs* étaient employés autrefois pour les routes rapides. (Napoléon Ier en a fait usage.) — On dressait un cheval à marcher l'amble en attachant ensemble les membres d'un même côté. — L'amble est une allure rapide (ambleurs américains).

<table>
<tr><td>Des allures irrégu-
lières. (Suite). ....</td><td>

De l'amble rompu. — Amble dans lequel les membres encore associés par bipèdes latéraux se posent successivement, les postérieurs un peu avant les antérieurs. Donc *quatre battues*. Les ambleurs poussés très vite prennent l'amble rompu.

Du pas relevé. — En quatre temps également espacés. Comme dans le pas, le corps repose alternativement sur un bipède latéral et sur un bipède diagonal. Cette allure est plus vite que le pas, moins que le trot. — Autrefois très estimée pour les voyages. (*Bidets d'allure.*)

Du traquenard. — Se rapproche de l'amble rompu avec lequel beaucoup d'auteurs le confondent. Les autres le considèrent comme le *trot décousu*. Un certain nombre de trotteurs prennent cette allure lorsqu'ils sont poussés.

De l'aubin. — Mélange de trot et de galop.
Aubin de devant ou aubin de derrière.
Allure essentiellement défectueuse, signe d'usure et de fatigue.

</td></tr>
</table>

Soixante-troisième Question.

—

<table>
<tr><td>Défectuosités d'al-
lures ....</td><td>

Cheval qui trousse. — Celui qui relève trop ses membres antérieurs. — N'est d'ordinaire pas vite.

Cheval qui rase le tapis. — Défaut opposé : le cheval ne relève pas assez. Est souvent vite, mais exposé à buter.

Cheval qui se berce. — Mouvement de latéralité prononcé. — Chevaux trop ouverts du devant ou du derrière, cagneux, panards, usés, tours de rein. — Ce défaut nuit à la vitesse.

Cheval qui billarde. — Celui dont les membres antérieurs décrivent un arc de cercle à convexité en dehors. Le cheval se fatigue et s'use.

</td></tr>
<tr><td></td><td>

<table>
<tr><td>Cheval qui
se coupe :</td><td>

Lorsqu'un membre en l'air vient frapper un membre à l'appui.

Causes. — Faiblesse (poulains); mauvaise ferrure, chevaux trop serrés.

Moyens d'y remédier. — Faire disparaître la faiblesse en donnant de l'avoine; attendre l'âge; bonne ferrure; guêtres en cuir ou en caoutchouc; guêtres à la marchande. — Cette question a été déjà traitée en parlant des membres.

</td></tr>
</table>

</td></tr>
<tr><td></td><td>

Cheval qui fauche. — A peu près même allure que celui qui billarde (ne relève pas autant). Cette défectuosité vient souvent à la suite d'écart d'épaule.

Cheval qui forge. — Celui qui, au pas ou surtout au trot, frappe un fer postérieur sur le fer antérieur du même bipède. Le cheval forge en voûte ou en éponges.

</td></tr>
</table>

Défectuosités d'allure. (Suite)..

Cheval qui forge :

Causes. — *Très souvent,* faiblesse des jeunes chevaux ; manque de proportions chez le cheval ; manque de soutien du cavalier ; défaut d'aplombs (sous lui du devant) ; fatigue ; mauvaise ferrure.

Moyens d'y remédier. — Soutien dans la main et l'éperon ; avoine quand il y a faiblesse. — Bonne ferrure.

Cheval qui harpe. — Mouvement des jarrets produits par les *éparvins secs.* Visibles surtout au départ ou au reculer. Cette défectuosité, désagréable à la vue, nuit peu au service. On n'est pas très fixé sur l'origine du mal. On a cependant guéri quelques chevaux.

Cheval à jarrets vacillants. — Celui dont les jarrets éprouvent des oscillations latérales à l'appui. Signe de faiblesse de l'arrière-main. Quand il existe chez les poulains, ce défaut disparaît souvent avec l'âge.

QUATRIÈME PARTIE

DE L'AGE

Soixante-quatriéme Question.

Définition ... ...
- Temps écoulé depuis la naissance du cheval.
- **Sur quoi est basée la connaissance de l'âge.** — Sur l'anatomie des dents, sur leurs *modifications de forme, de structure, de direction.*
- Le cheval a deux dentitions. La première donne les *dents de lait* ou *dents de poulain*, plus petites, plus courtes, plus blanches. La deuxième donne les *dents de cheval* ou *de remplacement.*

Anatomie de la dent.
- Toute dent comprend trois substances :
- L'*émail* blanc nacré, très dur, revêtant une partie de la racine, la couronne et les cavités.
- L'*ivoire*, qui forme le corps de la dent et
- Le *cément*, matière d'un blanc jaunâtre qui recouvre les parties enveloppées par la gencive.
- Chaque dent renferme deux parties :
- Une saillante en dehors de l'alvéole qui s'appelle la *partie libre* ou *couronne.*
- L'autre, *racine* ou partie enchâssée.
- (Voir, pour l'anatomie détaillée des incisives, la question suivante.)

Les dents se divisent en :
- Incisives (question suivante).
- **Crochets** (dents canines, dents angulaires) au nombre de quatre, deux à chaque mâchoire, n'existent que chez le cheval et les juments bréhaignes.
- **Molaires** ou *mâchelières.* — Au nombre de douze à chaque mâchoire. Avant-molaires (6 dont 3 de chaque côté) et arrière-molaires.

Soixante-cinquième Question.

—

Des incisives.. ..

Dents les plus importantes au point de vue de la connaissance de l'âge. Placées en avant, au nombre de six à chaque mâchoire, se divisent en : PINCES, MITOYENNES, COINS.

Longueur. — En moyenne de $0^m,065$ à $0^m,070$. — Les pinces sont un peu plus longues que les mitoyennes, qui sont elles-mêmes plus longues que les coins.

Accroissement annuel. — Il correspond à l'usure et est environ de 3 à 4 millimètres par an.

Forme. — Une incisive *vierge* a la forme d'un cône, disposé en arc, la convexité tournée en avant. En vieillissant, la courbure devient moins accentuée. Si on fait des coupes transversales en partant du haut, on trouve des sections *allongées, ovales, arrondies, triangulaires, allongées d'avant en arrière*.

L'usure fait paraître successivement ces formes de la table.

Structure. — L'émail à l'extérieur de la dent d'abord (**émail d'encadrement**) se replie à l'intérieur et forme le **cornet dentaire externe**, cavité profonde de $0^m,015$ à $0^m,016$ qui présente une matière noirâtre **germe de fève** formée par du *cément*. — Au fond de la cavité se trouve le **cul-de-sac** du cornet dentaire.

Au-dessous du cornet dentaire externe et partant de la racine, se trouve la **cavité dentaire interne** ou *cornet radical*. Ce cornet, rempli d'abord par la **pulpe dentaire**, se comble peu à peu d'une substance éburnée qui, quand elle apparaît sur la table de la dent, porte le nom d'**étoile dentaire** ou *radicale*.

Table dentaire. — Surface de frottement. On y voit dans la dent vierge le *cornet dentaire externe* dont le bord antérieur est de 2 ou 3 millimètres plus élevé que le bord postérieur. Avec l'usure, la cavité disparaît, l'émail d'encadrement forme un cercle, on trouve ensuite un cercle d'ivoire, l'émail qui entoure le cul-de-sac du cornet dentaire, le germe de fève et, quand le cheval est vieux, entre l'émail d'encadrement et l'émail central, l'étoile dentaire.

Dent vierge. — Celle qui n'a pas encore usé. Chez le poulain, les incisives sont plus petites, plus courtes, plus blanches.

On y remarque le *collet*.

Usure annuelle. — Correspond à l'accroissement annuel.

Rasement. — Produit par l'usure, voir table dentaire.

Soixante-sixième Question.

—

De l'âge du cheval. — Un cheval *prend, par exemple, quatre ans* quand il lui manque quelques mois pour avoir quatre ans révolus ; après ses quatre ans, il a *quatre ans faits.*

Âge compté à partir du 1ᵉʳ janvier. — Dans la pratique des courses ainsi que dans l'armée, on compte l'âge à partir du 1ᵉʳ janvier. Ainsi, un cheval né le 2 janvier et un autre né le 31 décembre 1888 sont admis à courir ensemble. D'où ressort l'avantage de faire naître les chevaux dans les premiers mois de l'année.

Connaissance de l'âge. — Elle repose sur ce qui a été dit sur l'état de la dent vierge et du rasement.

On distingue **sept périodes** :

1ʳᵉ PÉRIODE :
- À 10 jours, *apparition des pinces de poulain* ;
- À 30 jours, *apparition des mitoyennes* ;
- À 5 mois, *apparition des coins.*

2ᵉ PÉRIODE :
- À 8 mois, *rasement des pinces* ;
- À 1 an, *rasement des mitoyennes* ;
- À 15 moins, *rasement des coins.*

3ᵉ PÉRIODE :
- À 2 ans 1/2, *apparition du bord antérieur des pinces.* Ce bord, à 3 ans, est au niveau de celui des mitoyennes.
- À 3 ans 1/2, usure du bord antérieur des pinces. *Apparition des mitoyennes* dont le bord antérieur arrive au niveau de celui des pinces à 4 ans.
- À 4 ans 1/2, commencement du rasement des pinces. Le bord antérieur des mitoyennes est usé. *Apparition des coins* dont le bord externe arrive au niveau de celui des mitoyennes à 5 ans.

4ᵉ PÉRIODE :
- À 6 ans, pinces rasées, mitoyennes rasées, bord antérieur des coins usé.
- À 7 ans, dans les pinces, émail central triangulaire, mitoyennes rasées, coins rasés ou à peu près. Apparition très souvent de la *queue d'aronde* (sorte de cran marqué dans le coin supérieur, puis plus tard au coin inférieur).
- À 8 ans, pinces ovales, émail central rétréci et plus près du bord postérieur ; mitoyennes ovales, émail central triangulaire ; coins rasés avec émail central triangulaire. — *Apparition de l'étoile dentaire.*

5ᵉ PÉRIODE : De 9 à 12 ans. — Pinces arrondies ; mitoyennes ovales (9 ans) puis arrondis ensuite ; coins ovales jusqu'à 10 ans, puis arrondis plus tard. — Tenir compte de la longueur des dents et de l'émail central qui disparaît après 12 ans.

6ᵉ PÉRIODE : De 13 à 17 ans. — Pinces triangulaires ; mitoyennes triangulaires sans émail central ; coins arrondis jusqu'à 15 ans, triangulaires ensuite. Les incisives supérieures sont triangulaires.

7ᵉ PÉRIODE : De 18 à 20 ans. — Pinces et mitoyennes aplaties ; coins triangulaires, puis aplatis.

Remarque. — Tout homme de cheval doit connaître d'une façon sûre l'âge jusqu'à 9 ou 10 ans. Après cet âge, savoir distinguer approximativement la vieillesse du cheval.

Dentitions irrégu-
lières... · · · · ····

Défaut d'usure. — Le cheval est plus vieux qu'il ne paraît.
Excès d'usure. — Le cheval est moins vieux qu'il ne l'indique.

CHEVAL BÉGU. — Celui dont la cavité du cornet dentaire persiste.
Regarder la forme et la direction des dents. Assez fréquent.

CHEVAL FAUX BÉGU. — Celui qui conserve au delà de douze ans le cul-
de-sac du cornet dentaire. Voir si les dents sont triangulaires.

CHEVAL TIQUEUR. — Dents usées irrégulièrement par le tic à l'appui. —
L'âge est difficile à déterminer.

SURDENT. — Dent en plus. Rend la dentition irrégulière et complique
la connaissance de l'âge.
Mâchoires usant inégalement des deux côtés. — Il faut rétablir l'état
normal par la pensée.

Fraudes des maqui-
gnons............

VIEILLIR UN CHEVAL. — On arrache les mitoyennes ou les coins de lait, et
on hâte ainsi la sortie des dents de cheval. — Cette opération se
pratique presque toujours en Normandie. On reconnaît qu'elle a été
faite à la rougeur des gencives et à l'irrégularité de l'arcade dentaire.

RAJEUNIR UN CHEVAL. — En sciant les dents et en creusant une cavité
que l'on noircit avec un fer rouge ou avec de l'encre de Chine. Bien
regarder la place de la cavité. A Paris, cette opération est fréquente.
Il existe des *artistes* connus des marchands dont le métier est de
contremarquer les chevaux.

AUTRES MOYENS USITÉS JADIS POUR JUGER L'AGE D'UN CHEVAL. — Plis des lèvres ; pincement de la peau
du front (Ibn-el-Arvamm — XIIᵉ siècle) ou de la joue (Aristote); exploration des nœuds de la
queue (M. Minot). Cette dernière exploration ne donne de résultats qu'après 14 ans.

Aspect général et
physionomie... ..

Du poulain. — Haut sur ses jambes, décousu, croupe plus haute que
l'avant-main, air sauvage.

Du cheval fait. — Proportions plus régulières, air plus fort.

Du vieux cheval. — Angles osseux plus secs, plus aigus, poils blancs
aux sourcils, aux salières.

CINQUIÈME PARTIE

DES ROBES

Soixante-septième Question.

Définition. — Ensemble des poils et des crins qui revêtent la surface du corps.

Généralités sur les robes des différentes races. — Chaque race a des couleurs particulières avec de nombreuses exceptions. Ainsi le percheron est blanc ; le pur sang est bai ou foncé, etc. (Voir les races.)

Robes des poulains. — Un poulain naît avec une robe qui souvent n'est pas celle qu'il gardera. Ainsi, s'il a des poils blancs autour des yeux, on peut être sûr qu'il aura beaucoup de poils blancs ou même qu'il sera blanc. Il est rare qu'il naisse blanc. Il y a cependant des exceptions (exemple : le Loup Blanc, par Vermouth et Vipère, actuellement à l'entraînement). Un poulain rouan naît bai ; un aubère alezan ; un noir roussâtre. Le bai et l'alezan sont ou plus clairs ou plus foncés qu'à l'âge adulte.

Robes des chevaux faits et des vieux chevaux. — Les saisons changent la couleur des chevaux. Ainsi un cheval noir mal teint pendant l'hiver est noir franc au mois de juillet. En vieillissant, un cheval rubican devient gris foncé, un cheval gris devient blanc, etc.

On divise les robes en cinq classes.. . . . . .

1re classe. — Un seul poil :
- *Noir*. — Franc ou mal teint.
- *Blanc*. — Mat, porcelaine, sale.
- *Soupe au lait*. — Claire, ordinaire, foncée.
- *Café au lait*. — Clair, ordinaire, foncé.
- *Alezan*. — Clair, proprement dit, cerise clair ou foncé, alezan foncé, alezan châtain clair ou foncé, alezan brûlé clair ou foncé.

2e classe. — Un seul poil avec les jambes et les crins noirs :
- *Isabelle*. — Clair, ordinaire, foncé.
- *Souris*. — Clair, ordinaire, foncé.
- *Bai*. — Clair, proprement dit, cerise clair ou foncé, foncé, châtain clair ou foncé, marron clair ou foncé, brun clair ou foncé.

3e classe. — Deux poils :
- *Gris* (poils blancs et noirs). — Très clair, clair, proprement dit, foncé, ardoisé, tourdille (couleur de la grive), étourneau, sale, gris de fer.

Des robes (suite):	**3ᵉ classe** (suite):	*Aubère* (poils blancs et rouges.	Clair. Ordinaire. Foncé.	
		Louvet (poils noirs et rouges).	Clair. Ordinaire. Foncé.	
	4ᵉ classe.—Trois poils (blanc, rouge et noir) :	*Rouan*. (Vulgairement pèchard). Clair, ordinaire, foncé, vineux.		
	5ᵉ classe.—Plaques de deux couleurs dont l'une est blanche :	*Pie*. — Noir, café au lait, alezan, isabelle, souris, bai, gris, aubère, louvet, rouan.		

Soixante-huitième Question.

—

Particularités des robes. — Signes particuliers qui sont donnés par des *reflets brillants*, des *mélanges de poils*, des *directions irrégulières de poils*, des *absences de coloration de peau*, des *marques naturelles et accidentelles*.

Sur toutes les parties du corps	PAR REFLETS. — (Doré, argenté, jayet, bronzé, cuivré, miroité, marqué de feu, lavé).
	PAR MÉLANGES. — (Pommelé, moucheté, truité, truité-moucheté, herminé, tigré, neigé, tisonné, zébré, zain, rubican, aubérisé, grisonné, vineux, bordé).
	PAR DIRECTIONS irrégulières des poils. — Épis (concentriques et excentriques).
	PAR DÉCOLORATION de la peau. — (Ladre, marbrures.)

Sur la tête.	CAP DE MAURE OU DE MORE. — Cheval qui a la tête noire, le reste du corps étant d'une autre couleur. Si le bas de la tête seul est noir, le cheval est *cavecé de Maure*.	
	NEZ DE RENARD. — Feu au pourtour du nez et des lèvres.	
	MARQUE EN TÊTE. — Blanc sur la tête.	
	Sur le front :	Quelques poils en tête. Légèrement en tête. En tête. Fortement en tête.
	Les marques en tête s'appellent :	*Pelote*, marque arrondie ; *Étoile*, marque anguleuse ; *Liste*, marque longitudinale. *En croissant*. La marque en tête peut être : mélangée, bordée, truitée, herminée.

Sur la tête (suite).
- *Sur le chanfrein*. — Petite liste, liste, grande liste, demi-belle face, belle face.
- La liste peut être : interrompue, en pointe, en dents, déviée à droite ou à gauche, mélangée, bordée, truitée, mouchetée, herminée.
- Un cheval *boit dans son blanc* quand les lèvres sont recouvertes de ladre. Il peut boire dans son blanc *complètement* ou *incomplètement*.
- MOUSTACHES. — Petits bouquets de poils que l'on voit quelquefois de chaque côté de la lèvre supérieure.
- ŒIL VAIRON. — Celui dont l'iris est dépourvu de matière colorante.

Sur le tronc...
- RAIE DE MULET. — Bande noire du garrot à la queue. (Chevaux isabelles, bais, alezans, souris, gris, louvets.)
- BANDE CRUCIALE. — Bande foncée transversalement sur le garrot et sur les épaules.
- VENTRE DE BICHE. — Lavure jaunâtre sous le ventre.
- CRINS BLANCS OU LAVÉS. — Ceux qui sont clairs dans les robes à crins foncés.
- CRINS MÉLANGÉS. — Quand il y a des crins blancs que ne comporte pas la robe.

Sur les membres. ....

BALZANES :
- Marques blanches aux membres.
- Si le cheval a quatre balzanes, on dit : balzanes.
- S'il en a trois, on signale celle qui est isolée. Exemple : trois balzanes, dont une postérieure droite.
- S'il en a deux, on dit : balzanes diagonales gauches, balzanes latérales droites.
- Principe de balzane. — Quand le blanc ne dépasse pas la couronne.
- Trace de balzane. — Si le principe est incomplet.
- Petite balzane. — Couronne et paturon.
- Balzane incomplète. — Quand elle n'entoure pas le membre.
- Balzane. — Simplement quand elle ne remonte pas au delà des boulets.
- Grande balzane. — (Au-dessus du milieu du canon : balzane chaussée, haut chaussée, très haut chaussée.)
- Les balzanes sont régulières, irrégulières, dentées, en pointe, bordées, mouchetées, herminées, truitées.

COULEUR DES SABOTS. — Blanche, noire ou mélangée.

Marques naturelles. — Coup de hache, coup de lance. (Voir encolure.)

Marques accidentelles. — Oreilles fendues, raccourcies, cousues. — Queue niquetée, à l'anglaise, en catogan, en balai. — Marqué au feu, taré par le feu. — Blessures.

Soixante-neuvième Question.

—

Des signalements ..
> On appelle ainsi l'indication des caractères extérieurs qui peuvent faire distinguer un cheval de tous les autres et en toutes circonstances.
>
> Le **signalement simple** ne comprend qu'un exposé sommaire des principaux caractères distinctifs.
>
> Le **signalement composé** comprend les détails les plus circonstanciés. (Ainsi, pour un cheval de course, on mettra son *pedigre* et ses *performances*).
>
> Tout signalement comprend : *nom, espèce, sexe, race, service auquel il est propre, rob , état de la queue et des crins, âge, taille, marques particulières, date d'achat etc.*
>
> **Signalement du cheval de troupe :**
> - *Numéro matricule.*
> - *Nom.*
> - *Sexe.*
> - *Age.*
> - *Taille.*
> - *Robe et particularités.*
> - On peut y ajouter le prix et le lieu d'achat. — (Voir des exemples.)

SIXIÈME PARTIE

HYGIÈNE

Soixante-dixiéme Question.

Alimentation. — Action de nourrir.

On peut considérer les aliments du cheval en général et en particulier.

**Aliments en géné-
ral :**

On appelle *aliments* les substances qui servent à la nutrition. Ils renferment des principes immédiats qui sont :

Azotés (oxygène, hydrogène, carbone, azote). On distingue : le *gluten*, la *légumine*, l'*albumine*, la *fibrine*, la *gélatine*.

Non azotés (oxygène, hydrogène, carbone). On distingue : la *fécule*, le *sucre*, la *gomme*, les *matières grasses*, les *résines*, le *ligneux*.

Les aliments azotés s'appellent *plastiques* ; les aliments non azotés : *respiratoires*.

Du foin.............

Herbe des prairies desséchée. Le foin est composé d'un grand nombre de plantes qui renferment des principes azotés, des principes non azotés et des sels.

Les foins présentent de grandes différences suivant la nature des prairies. C'est la qualité de ces dernières qui fait la supériorité des bons élevages. A la question du sol il faut ajouter la composition botanique. Les plantes composant le foin sont divisées en *bonnes*, *indifférentes*, *mauvaises*.

Caractères du bon foin. — Il est d'une couleur vert-jaunâtre ; son odeur est bonne et peu forte (flouve odorante) ; sa saveur est légèrement sucrée. Il ne renferme pas de déchet ; les tiges des plantes sont souples et difficiles à casser.

**Foins avariés.
— On dis-
tingue :**

Foin fauché trop tot. — Aqueux, grêle, mince.

Foin trop mur. — Sec, cassant, inodore, insipide ; donne beaucoup de déchet.

Foin dur. — Trop sec, cassant.

Foin lavé. — Celui qui a été trop mouillé avant d'être coupé.

Foin vasé. — Couche de limon avant la fauchaison. Il est dur, cassant, poussiéreux.

Du foin . . . .

FOINS AVARIÉS. (Suite) :

FOIN ROUILLÉ. — Maladie due à la présence de champignons vénéneux. Sur le foin, on remarque la couleur de rouille. Il est nuisible.

FOIN FÉTIDE. — Mauvaise odeur due à de mauvais engrais. Les chevaux le refusent.

FOIN DÉLAVÉ. — Trop mouillé après la fauchaison. Décoloré, sans odeur, sans saveur ; peu de principes nutritifs.

FOIN ÉCHAUFFÉ. — Quand le foin a été ramassé encore humide : il fermente, peut s'enflammer. — Donne une mauvaise alimentation et peut occasionner des maladies.

FOIN NOUVEAU. — Quand le foin est récolté depuis trop peu de temps ; il est quelquefois nuisible (maladies de peau, indigestions).

FOIN VIEUX. — Cassant, inodore, peu sapide : est moins nutritif.

FOIN MOISI. — Foin par trop échauffé. Ce foin est dangereux.

FOIN FALSIFIÉ. — A l'intérieur des bottes on met quelquefois des matières étrangères. Il suffit de faire ouvrir les bottes pour se rendre compte de la fraude.

Le prix du foin *varie suivant les années* entre 45 et 90 fr. les 1.000 kilos pris sur les lieux. (En 1887, 50 fr.).

Soixante et onzième Question.

De la paille.. . . . .

On appelle *pailles* les tiges desséchées des plantes herbacées, fourragères, cultivées pour leurs graines. (Paille d'avoine, d'orge, de froment, de seigle.) — Comme aliment, on donne d'ordinaire de la paille de froment.

SES PROPRIÉTÉS. — La paille est un bon aliment, mais contenant peu de principes alibiles. Elle renferme de l'azote, des corps gras, de l'acide phosphorique.

La paille ne peut suffire à la nourriture du cheval ; donnée seule, elle amène la maigreur avec un gros ventre.

BONNE PAILLE. — Couleur jaune pâle ou dorée, saveur légèrement sucrée, odeur agréable.

PAILLES AVARIÉES. — La paille peut être :

TERNÉE quand elle a été couchée par la pluie ou inondée ; cette paille est mauvaise.

ROUILLÉE : Tâches rougeâtres sur les feuilles et autour de l'épi. Mauvaise pour les organes digestifs et peu nutritive.

De la paille. .....

PAILLES AVARIÉES. (Suite) :

CARIÉE : Pâle, peu de sucs nutritifs.

MOISIE : Dans les mêmes conditions que le foin.

TROP VIEILLE : Elle devient (de 18 à 20 mois après la récolte) sèche, noirâtre, de mauvaise odeur.

Le prix de la paille varie de 35 à 60 fr. les 1.000 kilos. — En 1887, vers 40 francs.

De l'avoine. .....

Plante de la famille des graminées. On trouve de l'avoine dans les prairies ; mais nous considérons ici les avoines cultivées pour leurs grains. On distingue avoine d'automne et avoine de printemps ; avoine blanche, avoine grise, avoine noire, avoine jaune.

QUALITÉS NUTRITIVES. — L'avoine est le plus important des aliments du cheval. Elle doit peser environ une livre le litre. Elle renferme des matières azotées, de l'amidon, des corps gras, des sels, de la dextrine. Comme pouvoir nutritif, 60 kilos d'avoine valent 100 kilos de foin. L'avoine est *nécessaire* aux poulains pour les développer, au cheval fait pour l'aider à supporter le travail. Un cheval qui travaille peut se contenter de 6 à 8 litres d'avoine. La ration doit être proportionnée au travail. Un cheval soumis à de grandes fatigues (entraînement, omnibus, fiacre) mange jusqu'à 20 ou 25 litres d'avoine, grand maximum.

BONNE AVOINE. — Grains lourds, polis, glissant facilement dans la main. Bonne odeur, pas de poussière. L'avoine noire est la meilleure des avoines. On préfère aussi l'avoine d'automne à l'avoine de printemps.

MAUVAISES AVOINES. — On distingue :

Les AVOINES MÉLANGÉES de graines nutritives ou non nutritives.

L'AVOINE TERREUSE : celle qui renferme des poussières ou des cailloux ; elle a besoin d'être criblée.

L'AVOINE RÉCOLTÉE TROP TOT : elle est très légère et les grains sont très petits.

L'AVOINE RÉCOLTÉE TROP TARD : elle est dure, coriace, petite, mais elle est lourde.

L'AVOINE NOUVELLE : récoltée depuis peu de temps. Cette avoine échauffe souvent les chevaux et fait venir des boutons.

L'AVOINE MOUILLÉE : celle qui a été mouillée pour paraître plus lourde.

L'AVOINE GERMÉE : celle qui a été mise dans un endroit chaud ou humide ; elle a perdu une partie de ses qualités nutritives.

L'AVOINE MOISIE exhale une mauvaise odeur, est couverte de petits champignons vénéneux.

L'AVOINE CHARBONNÉE : celle qui est atteinte de la maladie du *charbon* (petit champignon vénéneux) ; elle est noirâtre, poudreuse, nuisible.

L'AVOINE CARIÉE : atteinte de la *carie*. Le grain à l'intérieur est gris, onctueux, fétide.

L'AVOINE CHARANÇONNÉE : atteinte du *charançon*. Le charançon est un petit insecte qui pénètre à l'intérieur du grain pour manger la farine.

De l'avoine. .... { MAUVAISES AVOINES. (Suite). { L'AVOINE ERGOTÉE : atteinte de l'*ergot*. Cette maladie est produite par un petit champignon. L'avoine ergotée est nuisible.
On cultive surtout l'avoine dans le Nord, la Bretagne et la Normandie. — Le prix de l'avoine varie entre 15 et 20 francs les 100 kilos.

Soixante-douzième Question.

—

De l'orge. ....

Genre de plante de la famille des graminées. En Asie et en Afrique, sert de nourriture au cheval. L'orge est blanc jaunâtre : saveur farineuse et un peu amère, grains renflés au milieu, à sillon profond, écorce lisse et fine.
L'orge pèse de 60 à 70 kilos l'hectolitre.

QUALITÉS NUTRITIVES. — Contient moins de principes azotés et de sels que l'avoine. 50 kilos d'orge équivalent, *croit-on*, à 100 kilos de foin. La mastication de l'orge est plus difficile que celle de l'avoine.

BONNE ORGE. — Celle que nous avons décrite plus haut.

MAUVAISE ORGE. — L'orge est sujette aux mêmes altérations que l'avoine, présentant les mêmes inconvénients.

Aliments de substitution. .. ..

On appelle substitution le remplacement, en totalité ou partie, d'un ou de plusieurs aliments de distribution par une substance alimentaire qui n'entre pas dans la ration du cheval de troupe.

On emploie d'habitude :

1° FOIN DES PRAIRIES ARTIFICIELLES : { Luzerne. Sainfoin. Trèfle.

Ces aliments peuvent produire un bon résultat quand on les mélange avec le foin des prairies naturelles. Ils contiennent trop d'azote pour être employés seuls.

2° SON : (voir question 73.)

3° FARINE D'ORGE : Recommandée pour les chevaux qui digèrent difficilement. (Voir question 73.)

4° VERT : (voir question 74).

Ces aliments de substitution sont donnés en échange des aliments ordinaires dans les proportions suivantes :

1° EN ÉCHANGE DU FOIN. — Sainfoin et luzerne, poids pour poids; paille, double du poids; orge ou avoine, moitié du poids; carottes et panais, trois fois le poids.

2° EN ÉCHANGE DE PAILLE DE FROMENT. — Paille de seigle, d'avoine ou d'orge, poids pour poids; foin et fourrages artificiels, moitié du poids; avoine ou orge, quart du poids.

3° EN ÉCHANGE D'AVOINE. — Foins et fourrages artificiels, double du poids; paille, quatre fois le poids; orge, poids pour poids; son, moitié en sus; farine d'orge, huit dixièmes du poids.

Rations réglementaires dans l'armée. — On appelle *ration* la quantité de chacune des subs-tances alimentaires : foin, paille, avoine, que les règlements accordent par jour au cheval de troupe. Les rations actuelles ont été fixées par décret du 12 octobre 1887 et sont :

	Foin.	Paille.	Avoine.
Réserve......	2 k. 75	3 k. 75	5 k. 25
Ligne...	2 k. 5o	3 k. 5o	5 k. oo
Légère ..., ...	2 k. 5o	3 k. 5o	4 k. 5o

Répartition des repas. — *Décret du 28 décembre 1883. (Service intérieur.)*

« Les chevaux doivent en principe faire deux repas principaux par jour, le premier le matin, avant ou après le travail suivant la saison, le deuxième le soir. Ce dernier doit être d'habitude le plus copieux. L'avoine est donnée à ce repas et toujours après l'abreuvoir. Les repas principaux, surtout ceux d'avoine, doivent être donnés aux chevaux trois heures au moins avant le travail. Si le travail a lieu le matin, on donne aux chevaux, afin qu'ils ne sortent pas à jeun, un quart de la ration de foin. »

En dehors de l'armée, les chevaux font d'ordinaire trois repas, le matin, à midi, le soir. On ne doit jamais faire travailler un peu fort les chevaux tout de suite après leurs repas.

Abreuvoir. — On donne à boire avant l'avoine. La ration journalière est de 12 à 20 litres. Prendre soin de *couper* l'eau. D'ordinaire, on apporte à boire dans un seau. Dans l'armée, on mène les chevaux à l'abreuvoir à la fin du pansage.

Soixante-treizième Question.

Avoine broyée ou concassée. — Pour les chevaux qui ont la mastication difficile (bouche échauffée, vieux chevaux, chevaux qui digèrent mal). Instrument appelé concasseur.

Farine d'orge. — Produit de l'orge moulue. Blanc jaunâtre : saveur fade, odeur à peine sensible, onctueuse au toucher, blanchit la main, contient peu de son ; convient aux chevaux délicats, jeunes, en général pendant les grandes chaleurs. On donne d'ordinaire la farine d'orge délayée dans de l'eau. Elle s'altère facilement, se pique, se charançonne.

Son. — Écorce des graines des céréales plus ou moins privées de farine par la mouture (d'ordi-naire son de froment). Le son est frais, sans odeur, saveur douce.
On l'appelle *recoupe, recoupette, rémoulage*, suivant qu'il est passé une, deux ou trois fois sous la meule.
Mélangé par moitié ou tiers avec de la farine d'orge et étendu d'eau, il forme une nourrriture rafraîchissante. Le son est très utile pour remettre en état un cheval très maigre, épuisé. On le mouille souvent légèrement (*son frisé*) : on le mélange aussi souvent sec avec de l'avoine. — Le son bouilli, enveloppé dans un linge, sert à faire des cataplasmes.

Barbotage. — Le barbotage se prépare chaud ou froid. Il consiste à mouiller le son avec de l'eau froide ou bouillante. Dans ce dernier cas, on le recouvre et laisse refroidir.

10

Mash. — Espèce de barbotage composé de son, de graine de lin, d'avoine, de farine d'orge et d'eau bouillante : on peut y ajouter du sel marin. Couvrir le récipient et laisser refroidir.
On emploie les mashs pour rafraîchir les chevaux échauffés ou faire manger les chevaux délicats.

Emploi du sel de nitre. — On donne le sel de nitre comme diurétique. Il augmente la sécrétion de l'urine et en modifie la composition. On l'administre en breuvage à la dose de 15 à 30 grammes dans 1 ou 2 litres d'eau.

Du sulfate de soude. — Purgatif le plus fréquemment employé. On peut en donner une petite dose (200 grammes) plusieurs jours de suite. Pour une forte purgation, on va jusqu'à 1,000 grammes.
On le donne soit mélangé à l'avoine, soit dissous dans l'eau.

De l'aloès. — Purgatif donné en doses de 25 à 50 grammes. — Très bonne action sur les vers intestinaux.
Les purgatifs sont très utiles pour rafraîchir les chevaux échauffés, pour leur donner de l'appétit, diminuer leur volume au début d'un entraînement, etc.

Soixante-quatorzième Question.

Du vert.........

Nourriture fournie par les herbes des prairies artificielles ou naturelles, par les tiges des céréales, données fraîches soit avant, soit pendant la floraison.

Epoque. — Varie suivant les pays, les climats, les saisons, la nature des plantes. D'ordinaire en France du 15 avril à fin mai ou au mois de septembre, après la deuxième pousse.

Le vert convient aux jeunes chevaux, aux chevaux relevant de maladie, aux chevaux fatigués.

VERT DONNÉ A L'ÉCURIE. — On met le vert dans le râtelier ; produit simplement son effet comme aliment sans les autres avantages du vert en liberté.

VERT EN LIBERTÉ. — Repose les membres d'un cheval. A l'inconvénient d'exposer les chevaux aux coups de pied. Un certain nombre *deviennent* corneurs en rentrant du vert.
Quand les prairies ne sont pas closes, on met les chevaux au piquet (Normandie). On les attache alors soit avec un licol, soit avec une entrave passée au paturon.

EFFETS DU VERT. — Le cheval est souffrant tout d'abord. Le vert produit un effet purgatif assez fort : puis le cheval redevient gai, prend beau poil et engraisse. Le vert, pour produire un bon effet, doit durer assez longtemps (au moins six semaines).

Soixante quinzième Question.

—

Des écuries . . . . .

> L'écurie a une grande importance dans l'hygiène du cheval. Stalles ou boxes quand on le peut. D'ordinaire les écuries sont en pente. Cette disposition a l'inconvénient de fatiguer les aplombs. Système du colonel Basserie où le plancher horizontal est percé de trous pour laisser passer et recueillir l'urine.
>
> PROPRETÉ. — Nécessaire dans une écurie. Les mangeoires (en bois, en pierre, en porcelaine, en fonte émaillée ou en marbre) doivent être nettoyées avant de donner l'avoine ; de même pour les rateliers. — Crottins enlevés. — Bon entretien de la litière sèche à la surface. — Système de la litière permanente.
>
> AÉRATION. — Le plus d'air possible, surtout dans les écuries où il y a beaucoup de chevaux. Fenêtres ouvertes nuit et jour tant qu'il ne fait pas froid. Bains d'air.

Importance du pansage. — On appelle *pansage* l'action méthodique sur le corps du cheval d'instruments destinés à le nettoyer et le maintenir propre. Le pansage débarrasse la peau des corps étrangers et du produit des sécrétions (matière sébacée, sueur, écailles épidermiques). Étrille (en acier ou en *caoutchouc*). — Brosse. — Bouchon en paille ou en chiendent. —Peigne. — Éponge. Le pansage contribue à entretenir les chevaux en bonne santé. Les fonctions de la peau s'exécutent plus régulièrement Le pansage peut se faire à l'écurie ou dehors de préférence dehors.

Douches et soins à donner aux jambes fatiguées. — Par suite du travail, les jambes se fatiguent. — Apparition des molettes, engorgement le long du tendon et au boulet ; chaleur. — Les douches produisent de très bons effets. Il est utile d'avoir un jet puissant et continu. A défaut d'appareils très forts, se servir d'une pompe à main. Les bains assez longs dans de l'eau courante donnent aussi de bons résultats.

Usage des bandes. — Ces bandes sont en *flanelle* ou en *toile*. — Avoir la bande roulée, commencer à l'appliquer par en bas, aller de bas en haut et de haut en bas, serrer modérément, nœud au milieu. A l'écurie la bande descend au-dessous du boulet, à l'exercice elle s'arrête au-dessus. Quand la jambe est chaude, on maintient l'humidité avec une éponge imbibée d'eau dans laquelle on met souvent de l'alcool camphré : quelquefois on applique une feuille de chou entre la jambe et la bande. Les bandes de toile sont plus dangereuses et plus difficiles à mettre que les bandes de flanelle.

Accidents. — Des bandes trop serrées font engorger les membres, peuvent blesser les tendons. A l'exercice les bandes mal mises se détachent souvent et font tomber le cheval. Quand on n'est pas sûr d'avoir des bandes bien mises, il est préférable de faire usage de guêtres (cuir, drap ou caoutchouc).

Du tondage. — Opération qui a pour but de débarrasser le cheval des poils longs d'hiver. Le tondage est nécessaire pour un certain nombre de chevaux : inutile pour le plus grand nombre, surtout pour les chevaux bien tenus à l'écurie. Autrefois on tondait aux ciseaux, maintenant on se sert partout de tondeuses et l'opération est assez facile. On peut tondre aussi au gaz d'éclairage. On tond les chevaux à l'automne : quelquefois on renouvelle l'opération vers le mois de janvier.

Soixante-seizième Question.

—

Hygiène des chevaux en chemin de fer. -- On fait voyager les chevaux dans des wagons dits *wagons écuries*, et qui sont de différents modèles. Les plus usités sont à 6 places en travers avec une place au milieu pour les conducteurs. D'autres sont à 3 places en long. Enfin on peut se servir de wagons à bestiaux. C'est dans ces derniers qu'on embarque les chevaux de troupe et parfois certains chevaux difficiles. Dans les wagons écuries est un matériel spécial (sous-ventrière, licol, cordes, poitrail).

Les tarifs sont : tarif plein, o fr. 224 par kilomètre (le double d'un voyageur de première classe), plus un impôt de 10 o/o, plus 1 franc de manutention, plus o fr. 40 de désinfection.

— Les chevaux de course paient demi-place ; les chevaux militaires paient quart de place.

Le chemin de fer éprouve peu les chevaux qui y sont habitués.

Avoir soin de ne pas laisser souffrir de la soif, donner du foin pour occuper le cheval.

Embarquement et débarquement. — Avoir soin de mettre de la paille, de surveiller le raccordement du pont mobile avec le quai, marcher franchement devant le cheval sans le regarder. S'il refuse d'entrer, lui boucher les yeux, le faire tourner, le faire entrer en arrière, le pousser avec des sangles.

Les accidents pouvant arriver en chemin de fer sont les chutes du quai en embarquant, les plaies produites par les frottements contre les parois. Quelques chevaux essaient de se coucher et se blessent, d'autres cassent le plancher ou les parois du wagon en se débattant.

Pour l'embarquement et les débarquements des chevaux militaires, voir l'ordonnance.

Soixante-dix-septième Question.

—

Élevage. — Une des branches les plus importantes de l'amélioration des races de l'industrie chevaline. — Grande importance de l'élevage pour développer les qualités naturelles ou enrayer le progrès des défauts. Les principaux pays d'élevage en France sont la Normandie et la Bretagne. Le Finistère est le département qui possède le plus de juments poulinières.

Hérédité. — Pouvoir qu'ont les ascendants de transmettre à leurs descendants, par voie de génération, ce qu'ils possèdent. L'hérédité s'exerce sur le *caractère*, la conformation, la taille, la structure intime, les qualités, les défauts, les maladies. — Certains ascendants font toujours pareils à eux, d'autres au contraire ne transmettent régulièrement que certaines parties. Souvent l'hérédité saute une ou plusieurs générations surtout pour les robes ou les maladies. Sont héréditaires : Phtisie pulmonaire, pousse, cornage, fluxion périodique, myopie, tics, maladies de l'intestin, de la vessie et du foie, tares dures des membres (forme, jarde, éparvin, courbe, suros).

Influence de l'étalon et de la jument. — Concourent tous les deux à former le produit dans une proportion difficile à déterminer. Le poulain tiendra plus de l'un ou de l'autre, suivant les circonstances d'âge, d'énergie, de santé, d'origine. On s'accorde à reconnaître que le père transmet presque sûrement son caractère.

Choix : Doit être fait suivant le produit que l'on désire. L'étalon se rapprochera de la perfection, sera exempt de maladies ou tares héréditaires, (Loi du 14 août 1885 sur la surveillance des étalons) taille proportionnée à celle de la jument. Dans l'élevage des chevaux de course, on sacrifie beaucoup à l'*origine* et aux *performances* de l'étalon.

Jument. On peut lui appliquer ce qui est dit pour l'étalon. Elle devra en plus avoir un assez grand développement du bassin et des organes digestifs en bon état pour nourrir le produit

Époque de la naissance. — D'habitude au printemps. Pour les chevaux de course, on cherche à faire naître le plus près possible du mois de janvier.

Élevage à l'écurie. — Se pratique quelquefois, mais ne donne pas de bons résultats ; le meilleur élevage est :

L'élevage mixte, où le poulain, lâché dans les herbages, est rentré à l'écurie la nuit, par les mauvais temps, le froid ou même tous les jours pour y manger l'avoine.

Élevage dehors. — Pratiqué fréquemment. Les poulains ne sont jamais rentrés. On ne leur donne pas d'avoine : cependant quelquefois on dispose des auges dans les prairies où on leur en distribue. L'élevage dehors a l'inconvénient de ne point habituer les poulains à l'homme Les chevaux qui en sortent sont souvent sauvages et d'un caractère difficile.

SEPTIÈME PARTIE

DES RACES

Soixante-dix-huitième Question.

On appelle *race* l'ensemble d'individus ayant *certains caractères* qui les distinguent des autres individus de la même espèce. — Les caractères de la race sont transmissibles. — Dans les *races modernes*, on peut distinguer les chevaux sauvages et les chevaux domestiques.

Chevaux sauvages..

En Asie :

Le TARPAN, cheval des steppes de Mongolie, très difficile à dresser et à utiliser. Ressemble au cheval tartare.

Le MUZIN, cheval domestique du même pays étant venu se mêler aux tarpans.

Le CHEVAL TARTARE, cheval de selle demi-sauvage : a du sang arabe.

Le CHEVAL NU, spécimen rare, sans poils. Se rencontre en Afghanistan.

Amérique du Sud :

Les chevaux errants de ce pays ont pour origine les juments andalouses importées en 1535 par don Pierre de Mendoze.

On distingue :

Les CIMARRONES, chevaux des pampas, assez forts, très vigoureux. On les dresse rarement. Ils sont bai-châtain ou bruns (marrons).

Les MUSTANGS, chevaux demi-domestiques du Paraguay. On les chasse quelquefois pour leur peau et leur chair; plus souvent on utilise leurs services. On en a introduit un certain nombre en France.

Amérique du Nord. — Ces chevaux errants sont plus forts et plus communs que ceux du Sud, bien qu'ayant généralement la même origine. Ils sont généralement bais.

On trouve encore des chevaux errants en Australie et en Afrique (poney nommé *Kumrah*).

Chevaux domestiques.

Races orientales. — Tous les chevaux orientaux ont le même cachet (cheval de selle par
excellence) ; quel que soit le nom qu'on leur donne, « le nom de famille est cheval d'Orient »
(général Daumas). — Tête remarquablement belle ; encolure bien sortie, gracieuse et musclée ; garrot sec et en arrière ; bon dessus ; queue bien attachée et bien portée ; gros membres ; parfois paturons longs. Taille moyenne : $1^m,48$. — Toutes les robes, mais de préférence
la robe grise. — Sobriété et vigueur du cheval oriental.

On distingue :

> Le CHEVAL ARABE (Syrie, Arabie, chevaux du Nedj).
>
> Le CHEVAL BARBE ou berbère en Afrique. Il est moins suivi que l'arabe et
> plus grand.
> La race berbère comprend :
> Les *chevaux algériens* (la province de Constantine est la plus riche) ;
> Les *chevaux tunisiens* (plus petits et moins membrés, surtout dans leurs
> canons) ;
> Les *chevaux marocains* (les plus mauvais de la race barbe).

Races françaises. — Races du Nord et du Midi. Nous ferons remarquer seulement que dans le
Nord les chevaux sont généralement plus forts et plus communs ; plus légers et plus distingués
dans le Midi.

Toutes nos anciennes races ont été croisées d'abord avec le *sang oriental* (retour des Croisades),
puis avec le sang anglais (depuis le commencement du siècle). Nous diviserons les races françaises en *légères*, (chevaux de selle), *demi-légères* (selle et carrossiers légers), *lourdes* (trait).

Races légères...

> CHEVAL LIMOUSIN. — A l'état de souvenir ; était autrefois le cheval de selle
> à la mode (règne de Louis XV) ; avait été introduit d'Espagne et res-
> semblait au cheval andalou. On produit encore cependant des chevaux
> légers dans la Haute-Vienne, la Creuse et la Corrèze. (Dépôt de remonte
> de Guéret.)
>
> CHEVAL AUVERGNAT. — Plus commun et plus petit que le limousin.
>
> CHEVAL NAVARRIN et CHEVAL TARBÉEN. — Existaient autrefois aux environs
> de Tarbes ; par l'intermédiaire du pur-sang anglais, on éleva la taille
> et on produisit le
>
> CHEVAL BIGOURDAN, cheval actuel du Midi, plein de distinction et de sang ;
> mais le cheval a la côte plate, des membres longs et grêles. Les che-
> vaux bigourdans font d'excellents chevaux de selle : ils viennent de la
> plaine de Tarbes, de Bagnères, Lourdes, Vic, Argelès.
>
> CHEVAL ARIÉGEOIS. — Petit, plat, anguleux, disgracieux ; mais cheval de
> selle.
>
> CHEVAL LANDAIS. — Tout petit ($1^m,10$ à $1^m,30$), mais très bon.
>
> CHEVAL DE LA CERDAGNE. — Plus fort que le cheval ariégeois : est vendu
> en Espagne.
>
> CHEVAL DU MÉDOC. — Commun et assez grand.
>
> CHEVAL CAMARGUE. — A l'état sauvage dans la Camargue. Petit cheval
> ($1^m,30$ à $1^m,40$), mais très robuste.
>
> CHEVAL CORSE. — Poney (1 mètre à $1^m,30$), très fort.
>
> CHEVAL BRETON. — L'ancien bidet breton ($1^m,40$ à $1^m,50$) était commun,
> mais très robuste. On en trouve encore un grand nombre de spécimens.
> L'introduction du sang anglais lui a donné de la distinction, mais aux
> dépens de son ancienne constitution.

Races légères.
(Suite).........

CHEVAL LORRAIN. — Peu homogène, a été abîmé par le sang normand du haras de Rozière (1767).

CHEVAL DU MORVAN. — Ressemble au breton : vendu à l'état de poulain.

Races demi-légères (Selle et carrossiers.)

CHEVAL NORMAND. — L'ancien cheval normand avait la tête busquée, le front étroit, épaules plongées, membres grêles, pieds plats, robe baie, taille élevée, tempérament mou. Sous Louis XV, les étalons danois n'améliorent pas la race ; le prince de Lambesc introduit le demi-sang anglais ; en 1830, introduction du pur-sang. C'est ainsi que les Normands actuels sont les produits du sang anglais et de l'ancien sang normand : ce sont les *Anglo-Normands*. On leur reproche parfois un peu trop de sang anglais, d'où des membres grêles, un caractère susceptible, mais beaucoup de distinction. En Normandie, on trouve tous les genres de chevaux, depuis le cheval de selle très près du sang jusqu'aux grands postiers et carrossiers. Les principaux centres d'élevage sont : le Calvados (plaine de Caen), le Merlerault (partie de l'Orne autour du haras du Pin qui produit des chevaux distingués), la Manche. Il faudrait tout un volume pour parler de l'élevage normand : C'est là que se trouvent les grands élevages de pur-sang (MM. Aumont, Rœderer, Dauger, etc.) et les écuries de trotteurs demi-sang. C'est le pays peut-être du monde qui produit le plus de chevaux de luxe et de cavalerie.

CHEVAL PERCHERON LÉGER OU PERCHERON POSTIER. (Orne, Sarthe, Eure-et-Loir, Loir-et-Cher). — Ce cheval unit des allures et un peu de distinction à beaucoup de force. Il tend à disparaître et à faire place au gros percheron (voir plus loin). Est propre à tous les services. C'est un « Arabe grossi par le climat », il faut ajouter « dégénéré. »

CHEVAL ARDENNAIS. — Autrefois petit et léger, maintenant grandi et ayant perdu ses anciennes qualités.

On trouve encore des chevaux demi-légers en *Champagne*, dans la *Bourgogne*, le *Nivernais*, la *Franche-Comté*, mais surtout en *Vendée* et dans la *Charente-Inférieure* (Rochefort) (cheval anglo-poitevin), ce dernier ressemble au Normand. En *Bretagne* (Saint-Pol-de-Léon), on produit beaucoup de carrossiers légers par le croisement de l'anglais et du vieux sang breton.

Races lourdes..

CHEVAL BOULONNAIS. — Véritable athlète chevalin, taille d'environ 1m,65, d'ordinaire gris. A des allures. Est utilisé pour le gros camionnage et les omnibus.

CHEVAL FLAMAND ET PICARD. — Ressemble au boulonnais, mais a beaucoup moins de race et d'énergie.

GROS PERCHERON. — Cheval de trait par excellence ; est produit dans l'ancien Perche. — Depuis une dizaine d'années, les achats des Américains ont porté à grossir la race à tout prix aux dépens des allures et de toute distinction. On obtient des *éléphants* (de préférence noirs ou bais). — *Stud-Book percheron* à Nogent-le-Rotrou. On cite des chevaux de 3 ans vendus jusqu'à 35,000 francs. (Gilbert.)

CHEVAL POITEVIN. — A peu près disparu ; dans le Poitou, on élève surtout de mulets.

CHEVAL BRETON. — Plus court, plus trapu, plus énergique que le gros percheron (Finistère et Côtes-du-Nord).

Soixante-dix-neuvième Question.

—

Races anglaises. — Nous parlerons des diverses races anglaises à la question 81. Ici nous parlerons seulement de cheval de race pure ou pur-sang. *Il réunit les perfections dont nous avons parlé en traitant l'extérieur.*

Son origine. — Le cheval de pur-sang descend des juments anglaises croisées avec des étalons orientaux dont les principaux sont : *The White Turk* (Jacques I), *The Helmsley-Turk, Fairfax's Morocco* ; puis surtout *Darley-Arabian* (1712), ancêtre des *Childers* et d'*Eclipse* ; *Godolphin Arabian* (1731) et *Bierley-Turk* (vers 1689).
Ces trois derniers sont le point de départ du Stud-Book ou livre enregistrant les origines. (Le 1er volume en 1808 remontant à 1791). En France, depuis 1833, il existe un *Stud-Book français* rédigé au Ministère de l'Agriculture par une commission dite du *Stud-book*. Cette commission comprend un président (le ministre), un vice-président et quinze membres. Le *Stud-Book* paraît en volumes renfermant plusieurs années.

Exemple d'inscription au *Stud-Book* :

New-Star

(M. P. Aumont.)

Baie, née en France, chez M. P. Aumont, en 1864 ; son père, Charlatan ; sa mère, Hervine, par Master-Wags.

> 1884. B. F. Ténébreuse, par Mourle et Saxifrage. — M. P. Aumont.
> 1885. Vide.
> 1886. Vide.

Pedigree. — Origines d'un cheval. — Exemple :

STUART.
- Le Destrier.
  - Flageolet. { Plutus. / La Favorite par Monarque.
  - La Dheune. { Black-Eyes. / Furie par Filz-Gladiator.
- Stockhausen.
  - Stockwell. { The Baron. / Pocahontas par Glencoe.
  - Ernestine. { Touchstone. / Lady Geraldine par The Colonel.

Performances. — Courses gagnées ou courues honorablement par un cheval : ce sont ses *états de service.*

Quatre-vingtième Question.

Société d'encouragement pour l'amélioration des races de chevaux en France. — Cette société fut fondée en 1883 en même temps que le Jockey-Club. Son but est d'améliorer les races de chevaux en France par *l'étalon de pur-sang éprouvé par les courses*. — La Société fit courir d'abord au Champ-de-Mars, puis a Chantilly et, après 1857, à Longchamps. — La Société n'admet que les chevaux *entiers ou juments de pur-sang*, *ne donne que des courses plates* sur les hippodromes de Longchamps, Chantilly, Fontainebleau; elle possède un *Bulletin officiel* et a son siège à Paris, au Jockey-Club. Elle a donné en 1887 : 2.798.000 francs de prix.

Les principales épreuves sont :

1° POUR CHEVAUX DE DEUX ANS :
- PRIX DU PREMIER PAS, à Caen (8.000 francs).
- PRIX DE DEUX ANS, à Deauville (8.000 fr.).
- 1er, 2e et 3e CRITERIUMS, à Fontainebleau (4.000 fr.).
- GRAND CRITERIUM, à Longchamps (10.000 fr.), gagné en 1887 par STUART.

- Les POULES D'ESSAI des poulains et des pouliches.
- Le PRIX DE DIANE (pouliches).
- La GRANDE POULE DES PRODUITS.
- Le PRIX DU JOCKEY-CLUB (DERBY), couru à Chantilly (2.400 mètres), gagné en 1888 par Stuart. — Le prix s'est élevé à 105.000 francs.

2° POUR CHEVAUX DE TROIS ANS :
- Le GRAND PRIX DE PARIS (100.000 francs. — 3.000 mètres), couru à Longchamps l'un des premiers dimanches de juin. En 1888 le prix s'est élevé à 144.850 francs. — Il faut retenir le nom des gagnants au moins depuis dix ans

      1878. — THURIO.
      1879. — NUBIENNE.
      1880. — ROBERT THE DEVIL.
      1881. — FOXHALL.
      1882. — BRUCE.
      1883. — FRONTIN.
      1884. — LITTLE DUCK.
      1885. — PARADOX.
      1886. — MINTING.
      1887. — TÉNÉBREUSE.
      1888. — STUART.

Les chevaux de quatre ans et au-dessus peuvent prendre part à la plus grande partie des épreuves. Certaines leur sont réservées, comme le prix Gladiateur (6.200 m.), le prix du Cadran (4.200 m.).

Société du Demi-Sang. — *La Société d'encouragement à l'amélioration du cheval de demi-sang français* a été fondée à Caen en 1864. — Les courses au trot avaient commencé depuis longtemps : Tarbes (1806), Saint-Brieuc (1807), Aurillac, Strasbourg, Poitiers (1820), Nancy (1828), Caen (1837); Saint-Lô (1838), Rouen (1843).

La Société possède un hippodrome (Vincennes) et subventionne un grand nombre de réunions de province. Elle donne des courses au trot et, en dehors de ces réunions, des courses plates et d'obstacles.

Les trotteurs les plus connus aujourd'hui sont : Pourquoi-Pas (18 ans), Joliette, Kozyr, Capucine, Galant II, Finlande, Fuchsia, Faust, etc.

Un bon trotteur fait ses 4.000 mètres en 6'40". — (Voir plus haut la question des allures.)

Société des Steeple-Chases de France. — La Société des Steeple-Chases a été fondée en 1863. Elle donnait des courses d'obstacles à Vincennes. Depuis 1873, elle possède le champ de courses d'*Auteuil*. — En 1887, elle a donné 1.200.000 francs de prix ou de subventions.

Les épreuves les plus importantes sont :

Le Grand Steeple-Chase de Paris, 6.000 mètres, handicap (60.000 francs et un objet d'art de 10.000 francs).

Il a été gagné en
- 1884 par Varaville.
- 1885 — Redpath.
- 1886 — Boissy.
- 1887 — La Vigne.
- 1888 — Parasang.

La Grande course de haies handicap.

Le Grand prix d'automne.

Le Prix de la Croix-de-Berny, à Auteuil.

Le Grand steeple-chase de Dieppe.

Le Steeple-chase de Deauville.

Dans les courses d'obstacles *tous* les chevaux sont admis (hongres et demi-sang).

En dehors des trois grandes sociétés citées plus haut, il faut mentionner :

La Société de Sport de France (courses de gentlemen à Vincennes, Fontainebleau, Saint-Germain, La Marche).

Les **Sociétés suburbaines** : Courses plates (Maisons-Laffitte et Saint-Ouen), courses d'obstacles (Saint-Ouen, Le Vésinet, Saint-Germain, Enghien, Maisons-Laffitte, Colombes, La Marche).

Les **Sociétés de province**.

Toutes les sociétés ont adopté les règlements des trois grandes sociétés qui ont chacune un *Bulletin officiel*.

La *Chronique du turf* mentionne les résultats des courses au galop et la *Statistique des courses au trot* mentionne les résultats des courses au trot.

Quatre-vingt-unième Question.

Races étrangères.

Angleterre.....
- Outre le cheval de race pure (pur-sang anglais), on trouve en Angleterre :
- Les poneys d'Irlande, d'Écosse, du pays de Galles, des Shetland.

Angleterre .....
(Suite.)

Le CHEVAL DE CHASSE (HUNTER) produit par le croisement du pur-sang et des juments du pays. — Le plus beau cheval du monde, se rapproche du pur-sang ; mais il a plus de force, de puissance, plus de *gros*. — Vrai cheval de service qu'on s'efforce de produire en France.

Le HUNTER IRLANDAIS, plus petit : il vient du croisement du pur-sang avec les poneys irlandais. Remarquable comme moyens, puissance de saut, etc.

Le CLEVELAND BAI : carrossier du Yorkshire.

Le CHEVAL DE NORFOLK : trotteur célèbre : beaucoup de gros.

Le BLACK-HORSE : produit d'étalons et de juments importés de Flandre. Colosse chevalin : on l'utilise uniquement pour le grand camionnage.

Le CHEVAL DE SUFFOLK ou SUFFOLK-PUNCH et le CLYDESDALE sont aussi des chevaux de trait.

Allemagne .. ..

Le CHEVAL DE TRAKEHNEN (produit du haras de Trakehnen) est un cheval de selle avec de la taille et de la distinction.

Le CHEVAL WURTEMBERGEOIS a beaucoup de sang oriental ainsi que le CHEVAL BAVAROIS.

Le CHEVAL DANOIS, produit dans le Holstein.

Le CHEVAL HANOVRIEN.

Le CHEVAL MECKLEMBOURGEOIS.

Ces trois races sont demi-légères, également propres à la selle et à l'attelage de luxe. Elles remontent une grande partie de la cavalerie allemande. Un certain nombre de sujets sont vendus à Paris comme grands carrossiers. Ces races ont été beaucoup améliorées au point de vue des allures et du modèle par des *étalons anglo-normands*. — Les *chevaux de trait allemands* sont ceux de SALZBOURG, de la BOHÊME et du WURTEMBERG.

Autriche.. .....

Le CHEVAL HONGROIS : cheval de selle d'un modèle parfait ; il a le type oriental.

« La Hongrie élève des chevaux de toutes les tailles et aptes à toutes « les destinations dans ses grands haras de Kisber, de Babolna, de Mezo- « hegyes, et de Fogaras. »

(Rapport de l'Exposition de 1878.)

A KISBER. — Cheval de pur-sang et de demi-sang. (Kisber, étalon pur-sang.)

A BABOLNA. — Cheval arabe.

A MEZOHEGYES :
Les GIDRANS : anglo-arabes, fils de Gidran, arabe.
Les NONIUS : carrossiers, fils de Nonius, normand.

Le reste de la population chevaline autrichienne se rapproche du modèle hongrois. C'est du reste la Hongrie qui remonte toute la cavalerie autrichienne.

Russie.........

TROTTEUR ORLOFF. — Ce cheval est le produit d'étalons arabes avec des juments danoises (haras de Khrenovaya fondé en 1778 par le comte Orloff.) — Le trotteur Orloff a l'aspect d'un cheval très près du sang anglais. Ils sont de première vitesse au trot et ce n'est que récemment que nos trotteurs sont arrivés à les égaler.

Russie (suite)... } CHEVAL COSAQUE. — Comprend un grand nombre de variétés qui toutes ont peu de taille et sont du modèle oriental à peu près pur.

Danemark.....

CHEVAL DE FREDERIKSBOURG. — Race pleine de sang et de distinction produite par le croisement d'étalons *orientaux* puis plus tard *anglais* avec les juments danoises. (Haras de Frederiksbourg, fondé à la fin du XVIe siècle.)

Outre cette race, on trouve dans le Danemark le CHEVAL DANOIS PROPREMENT DIT, plus fort, plus grand ; c'est le même que dans le nord de l'Allemagne.

Espagne. — Le CHEVAL ANDALOU avait autrefois une grande réputation ; il ressemblait à notre cheval limousin ; il est presque disparu.

Italie..........

CHEVAUX LÉGERS SARDES, SICILIENS, NAPOLITAINS (petite taille).

CHEVAL DE LA TOSCANE (type allemand).

CHEVAL CRÉMONAIS (cheval de trait.

Hollande. — CHEVAL HOLLANDAIS. Carrossier à grosse tête, portant beau, trottant du genou, queue mal attachée, noir d'habitude.
Cette race a eu son moment de vogue à Paris.

Belgique. — Les provinces du Hainaut et de Namur produisent des chevaux de *gros trait* et de *trait léger*.
Les chevaux BRABANÇONS, HESBIGNONS et COI DROZIENS sont des animaux très forts, très communs, très lourds.

Suisse.. .. . . .

LE CHEVAL DE LAUMONT : cheval de gros trait ainsi que

LE CHEVAL DE SCHWYTZ.

LE CHEVAL NOIR D'ERLENBACH est un peu plus léger.

Quatre-vingt-deuxième Question.

Éducation du jeune cheval dans le but des courses. — Entraînement sommaire. —
Le poulain de pur-sang est envoyé à l'entraîneur vers le mois de septembre qui suit l'année de la naissance. C'est un *yearling*.
On l'habitue à l'écurie, aux soins de l'homme, etc. ; on lui met le surfaix pour lui faire le passage des sangles ; travail à la longe ; promenades au pas, monté par un poids très léger ; premiers galops ; essais sommaires.
On réforme alors les moins bons poulains, on laisse reposer les autres ; puis, vers le mois de février, on reprend l'entraînement en vue des courses de deux ans qui commencent au mois d'août.
L'entraînement se compose essentiellement de galops et de promenades au pas et au trot. Les galops ont pour but de donner le souffle, le travail au pas et au trot doit donner le muscle.
L'entraînement consiste à amener un cheval, par un travail et une hygiène bien entendus, à posséder son maximum de force et de vitesse.

Usage des suées et des purgations.
Soins divers à donner pendant l'entraînement.
Pour le détail de l'entraînement, nous renvoyons au *Questionnaire d'équitation* (question 31).

Quatre-vingt-troisième Question.

Administration des haras. — On appelle ainsi l'administration chargée de diriger les haras et les étalons nationaux. Elle a pour *but* l'amélioration des races françaises en vue surtout du cheval de guerre.
Colbert, en 1665, créait l'institution des étalons nationaux. En 1806, Napoléon créa l'administration des haras.

Son organisation. — Cette administration a passé par bien des phases diverses. Aujourd'hui elle est dirigée par le *Conseil supérieur des haras*.
Les fonctionnaires portent les titres de : inspecteur général, inspecteur d'arrondissement, directeur, sous-directeur, surveillant.
L'école des haras est située au Pin.

La France est divisée en *six arrondissements* comprenant *vingt-deux dépôts*.

Angers.	Pau.
Annecy.	Perpignan.
Aurillac.	Le Pin.
Besançon.	Pompadour.
Blois.	La Roche-sur-Yon.
Cluny.	Rodez.
Compiègne.	Rozières.
Hennebont.	Saintes.
Lamballe.	Saint-Lô.
Libourne.	Tarbes.
Montier-en-Der.	Villeneuve-sur-Lot.

A Pompadour, à côté du dépôt est un haras.
Les étalons sont pur-sang anglais, arabe, anglo-arabe, demi-sang, de trait.
A l'époque de la monte, ils sont envoyés en station par groupes de deux, trois quatre ou davantage dans les différentes localités. C'est le talent du directeur d'envoyer à chaque pays le cheval appelé à y réussir. Cartes de saillie.
Le nombre des étalons est de : 2.500.
Le budget des haras est d'environ 9 millions par an.
Les saillies (1887) sont de 131,352 pour les chevaux de l'État, et de 60,306 par les étalons approuvés.
La population chevaline actuelle de la France est de 3 millions de têtes.

Étalons primés ou approuvés. — Pour compléter le nombre insuffisant de ses étalons, l'administration *approuve* des étalons appartenant à des particuliers. Elle leur accorde en même temps des primes en argent (variant de 300 à 3,000 francs).

Étalons autorisés. — Ces étalons ne touchent pas de primes, mais leurs produits concourent aux encouragements de l'administration (épreuves).

Étalons rouleurs. — Ceux qui vont de ferme en ferme. Ils n'étaient naguère soumis à aucun contrôle. La loi du 14 août 1885 relative à la surveillance des étalons défend d'employer à la monte tout étalon non muni d'un certificat constatant qu'il n'est atteint ni de cornage ni de fluxion périodique. Ce certificat est délivré tous les ans par une commission.
Tout étalon employé à la monte est marqué au feu sous la crinière.
(Cette loi a soulevé beaucoup de résistances).

Étalons départementaux. — Propriété des départements (surtout chevaux de trait) pour suppléer à l'insuffisance du nombre et de qualité des chevaux des haras.

En Algérie. — Trois dépôts : Blidah, Mostaganem, Lahélick près de Bône. Les dépôts sont dirigés par le service des remontes. Étalons des tribus.

En Autriche. — On trouve en Autriche, dès 1815, des haras ayant pour but la remonte de l'armée. Le personnel encore actuellement est *militaire*, même l'inspecteur général. Commission supérieure des haras (5 membres).
On garde les meilleurs produits comme étalons ; on utilise les autres pour les écuries impériales, les remontes, ou on les vend dans le commerce. L'empereur possède lui-même quelques haras (Kladrud, Sippiza), ainsi qu'un grand nombre de particuliers.
Les haras nationaux comprennent 485 stations. On *approuve* des étalons comme en France. En Hongrie, l'organisation est la même qu'en Autriche. Il y a 550 stations d'étalons (haras de Babolna, Kisber, Mezôhegyes, Fogaras). Marques particulières à chaque haras.

En Allemagne. — La population chevaline de l'empire est de 3,522,316 têtes. L'action directe de l'État a amené la création de *haras provinciaux* (Landgestüts) approvisionnés par les *haras principaux* (Hauptgestüts). Les administrations des haras sont civiles dans les différents pays. L'Allemagne possède 7 haras principaux : Trakehnen, Graditz, Beberbeck, Achselschwang, Deux-Ponts, Marbach, Redefin et 28 haras provinciaux (dépôts d'étalons).
L'effectif des étalons est de 3,089.
(Rapport de M. de Cormette).

En Russie. — L'administration des haras fonctionne d'une manière analogue à la nôtre, pour la division du territoire, mais sous la direction militaire.

En Angleterre. — Les grands propriétaires ont des haras. Il n'y a pas de haras nationaux et l'État se tient en dehors de la question d'élevage.

Écoles de dressage. — Établissements ayant pour but de rendre le cheval de l'éleveur propre à rendre des services. Dressage de selle et de voiture. Ces établissements sont subventionnés par l'État, les départements ou les villes. Ils sont assez nombreux et les principaux sont Caen, Sées, Rochefort.

Concours régionaux. — Expositions où une part est réservée à la production chevaline. Il y en a un certain nombre en France. Le siège du concours change tous les ans.

Quatre-vingt-quatrième Question.

—

Des remontes en France ⎰ Leur but. — Les remontes militaires sont des institutions hippiques qui ont à la fois pour objet de *satisfaire aux besoins immédiats de l'armée* et d'*encourager la production chevaline.*

Des remontes en France (suite)

ORGANISATION. — 4 circonscriptions comprenant 20 dépôts :

1re circonscription : *Caen*, comprenant les dépôts de Caen, Saint-Lô, Alençon, le Bec-Hellouin, Paris, Suippes, Eu.

2e circonscription : *Fontenay-le-Comte*, comprenant les dépôts de Fontenay-le-Comte, Angers, Guingamp, Guéret.

3e circonscription : *Tarbes*, comprenant Tarbes, Agen, Mérignac, Saint-Jean-d'Angély, Aurillac, Arles.

4e circonscription : *Mâcon*, comprenant Mâcon, Sampigny, Faverney.

EN ALGÉRIE. — Dépôts : Blidah, Constantine, Mostaganem.

OPÉRATIONS. — Les remontes achètent les chevaux par l'intermédiaire d'une *commission d'achat* (chef d'escadrons, deux capitaines ou lieutenants). On affiche les tournées de la commission.

PROJETS DU GÉNÉRAL THORNTON. — *Création des dépôts de jeunes chevaux ou d'élevage.* — Ces projets sont mis maintenant à exécution (fermes de Suippes, d'Arles et d'Eu). On achète les chevaux à 3 ans et demi : on les garde un an avant de les envoyer dans les corps.

Des remontes en Allemagne. — Le système des remontes n'est pas identique dans tous les États allemands. Il y a comme chez nous un directeur au ministère de la guerre. Six commissions *en Prusse* correspondent à six zones. Ces commissions achètent environ 7,000 chevaux par an, surtout dans la Prusse Orientale (4,000). Les chevaux sont achetés de 3 à 4 ans, de mai à septembre. Les corps prennent livraison de leur remonte à partir du 1er juillet. Chaque dépôt a une exploitation agricole.

(*La remonte dans l'armée allemande*, par le capitaine Sainte-Chapelle.)

Quatre-vingt-cinquième Question.

—

Vices rédhibitoires.

On appelle *vices rédhibitoires* des vices *cachés* qui permettent à l'acheteur de rendre un cheval au vendeur dans certains délais.

Les vices rédhibitoires sont déterminés par la loi du 2 août 1884 qui abroge celle du 20 mai 1838.

Ce sont, pour le cheval, l'âne et le mulet :

La morve,

Le farcin,

L'immobilité,

L'emphysème pulmonaire,

Le cornage chronique,

Le tic proprement dit avec ou sans usure de dents,

Les boiteries anciennes intermittentes,

La fluxion périodique des yeux.

DÉLAIS. — NEUF JOURS FRANCS, non compris le jour de la livraison (pour la fluxion périodique, trente jours).

Le délai est augmenté à raison de la distance, d'un jour par 5 myriamètres.

Les maladies contagieuses (*morve*, *farcin*, *dourine*) sont en outre régies par la loi sur la *police sanitaire des animaux* (21 juillet 1881).

Quatre-vingt-sixième Question.

—

Examen du cheval en vente. — Un homme de cheval achète un cheval en se fiant seulement à lui-même ; d'ordinaire la *première impression est la bonne*. N'écouter ni ne consulter personne (à moins de cas particuliers). Se méfier seulement de la mauvaise foi du vendeur, QUEL QU'IL SOIT. (CHEVAL D'AMI.)

Il est d'usage d'énoncer les règles suivantes sur l'examen du cheval en vente :

L'EXAMINER A L'ÉCURIE.

L'EXAMINER AU REPOS DEHORS.

L'EXAMINER EN MOUVEMENT.

SE PLACER TOUJOURS LOIN DU CHEVAL ET, SI ON LE PEUT, PLUS HAUT QUE LUI, POUR L'EXAMINER.

Ruses employées par les maquignons ou autres personnes pour cacher des vices ou des causes d'infériorité. (Nous les avons énumérées en traitant l'extérieur.)

Quand on a été dupe d'un vendeur, si le vice est rédhibitoire, rendre le cheval de suite ; s'il n'y a pas de vice rédhibitoire, se garder d'avoir l'air d'être volé.

FIN.

Dans un résumé traitant d'une façon aussi succincte tant de questions diverses,
il est difficile qu'il ne se soit pas glissé des erreurs, des inexactitudes, des oublis.
C'est à l'élève de corriger et surtout de compléter en marge les questions insuffisam-
ment traitées.

ANGERS, IMPRIMERIE A. BURDIN ET Cie, 4, RUE GARNIER.